网络关键设备安全检测实施指南

张治兵 刘欣东◎主编

U0377359

人民邮电出版社

北 京

图书在版编目（CIP）数据

网络关键设备安全检测实施指南 / 张治兵，刘欣东
主编. -- 北京 : 人民邮电出版社，2023.7
ISBN 978-7-115-61592-3

Ⅰ．①网… Ⅱ．①张… ②刘… Ⅲ．①网络设备－网
络安全－指南 Ⅳ．①TN915.05-62

中国国家版本馆CIP数据核字（2023）第062170号

内 容 提 要

本书基于网络关键设备通用的安全检测技术，对路由器、交换机、服务器、可编程逻辑控制器（PLC）设备等网络关键设备的安全检测方法进行了详细介绍。主要内容包括安全检测环境、冗余、备份恢复与异常检测、漏洞和恶意程序防范、预装软件启动及更新安全、用户身份标识与鉴别、访问控制安全、日志审计安全、通信安全、数据安全等安全功能的检测实施指南，以及检测涉及的仪器仪表、工具软件等。

本书可为网络关键设备安全检测机构提供参考，也可作为设备研发、测试等工作的参考书籍。

◆ 主　　编　张治兵　刘欣东
　　责任编辑　苏　萌
　　责任印制　马振武
◆ 人民邮电出版社出版发行　　北京市丰台区成寿寺路 11 号
　　邮编　100164　电子邮件　315@ptpress.com.cn
　　网址　https://www.ptpress.com.cn
　　固安县铭成印刷有限公司印刷
◆ 开本：720×960　1/16
　　印张：21.75　　　　　　　2023 年 7 月第 1 版
　　字数：310 千字　　　　　　2023 年 7 月河北第 1 次印刷

定价：129.80 元

读者服务热线：(010)81055493　印装质量热线：(010)81055316
反盗版热线：(010)81055315
广告经营许可证：京东市监广登字 20170147 号

编委会

前言

随着信息通信技术的不断演进和发展，人类社会已迈入数字化时代，数字经济和实体经济逐步融合已是大势所趋，数字化、网络化、软件化、智能化成为当代信息科技发展的基本特征。与此同时，网络安全风险逐步成为信息时代最为严峻的挑战之一，网络攻击、勒索病毒、供应链植入、个人隐私泄露等问题层出不穷。近年来，网络安全保障工作的重要性日益提升，我国相继发布《中华人民共和国网络安全法》《中华人民共和国数据安全法》《中华人民共和国个人信息保护法》《中华人民共和国电信条例》《关键信息基础设施安全保护条例》《网络安全审查办法》《网络产品安全漏洞管理规定》等法律法规，明确了网络安全的法律性规定。

在网络安全保障工作中，网络设备安全能力保障是最基础的一环，无论是网络通信数据还是网络攻击数据，都需要通过网络设备进行处理和传输，网络设备是各类数据实现互通的枢纽节点，是保障网络通信通畅的基本单位。而网络关键设备是网络设备中对网络安全稳定运行起到关键作用的一部分设备，GB 40050-2021《网络关键设备安全通用要求》中界定了网络关键设备是支持联网功能且在同类网络设备中具有较高性能的设备，通常应用于重要网络节点、重要部位或重要系统中，一旦遭到破坏，可能引发重大网络安全风险。因此，保障网络关键设备安全对于保障网络安全至关重要。

网络安全领域检验检测活动是由具备专业能力的第三方机构对网络产品或其提供方、网络服务或其提供方就其网络安全特性进行客观公正的评价和证实。开展网络关键设备安全检测，一方面能够及时确认网络关键设备是否符合相关法律

1

法规和标准要求，另一方面能够在主管部门、设备使用方和设备提供方之间传递合格的评定信息，增进各方的信任，解决市场中的信息不对称问题，降低市场交易风险，提升安全保障水平。

本书在现行的相关法律法规要求和标准规定的框架下，尝试为读者阐明如何开展网络关键设备安全检测工作，为日常开展安全检测工作提供技术实施指南。

本书在对检验检测、标准化等方面内容的编写过程中得到了孟艾立、周开波、刘畅、郭昕、柳扬等领导和专家的亲力指导和大力支持，同时中国信息通信研究院泰尔系统实验室、中兴通讯、华为公司、浪潮公司、西门子公司的技术专家也为本书的编写提供了协助，在此对他们的辛勤付出表示衷心的感谢。

为便于读者理解，本书按照由浅入深、循序渐进的逻辑设置了 8 章和 1 个附录，其组成结构如下。

第 1 章：网络关键设备安全概述，包括网络关键设备概念、安全风险、安全法律法规等内容。

第 2 章：网络关键设备安全相关标准，包括相关的国家标准和团体标准，及各项标准的适用范围、技术内容、发布时间、实施时间等内容的介绍。

第 3 章：路由器安全功能检测，包括测试环境、硬件标识安全、软件标识安全、鉴别提示信息安全、设备冗余和自动切换功能、热插拔功能、备份与恢复功能、故障隔离与告警功能、独立管理接口功能、漏洞扫描、恶意程序扫描、设备功能和访问接口声明、预装软件启动完整性校验功能、更新功能等 57 节内容。

第 4 章：交换机安全功能检测，包括测试环境、硬件标识安全、软件标识安全、鉴别提示信息安全、设备冗余和自动切换功能、热插拔功能、备份与恢复功能、故障隔离与告警功能、独立管理接口功能、漏洞扫描、恶意程序扫描、设备功能和访问接口声明、预装软件启动完整性校验功能、更新功能等 59 节内容。

第 5 章：服务器安全功能检测，包括硬件标识安全、软件标识安全、设备冗余和自动切换功能、备份与恢复功能、异常状态识别与提示功能、漏洞扫描、恶意程序扫描、设备功能和访问接口声明、预装软件启动完整性校验功能、更新功能等34节内容。

第6章：可编程逻辑控制器（PLC）设备安全功能检测，包括硬件标识安全、软件标识安全、设备冗余和自动切换功能、备份与恢复功能、异常状态识别与提示功能、漏洞扫描、恶意程序扫描、设备功能和访问接口声明、预装软件启动完整性校验功能、更新功能等34节内容。

第7章：安全保障测评，包括设计和开发环节风险识别、设备安全设计和开发操作规程、配置管理及变更、恶意程序防范、设备安全测试、安全缺陷与漏洞的修复和补救等20节内容。

第8章：典型检测工具介绍，包括数据网络测试仪、漏洞测试工具、健壮性测试工具、端口扫描测试工具等的介绍。

附录：列出了GB 40050-2021《网络关键设备安全通用要求》、GB 41267-2022《网络关键设备安全技术要求 交换机设备》、GB 41269-2022《网络关键设备安全技术要求 路由器设备》3项网络关键设备标准的主要技术内容。

由于编者水平有限，书中难免有纰漏和不足，望读者批评与指正。

编者

目 录

第 1 章

网络关键设备安全概述

第 1 节　网络关键设备概念

网络关键设备概念的首次提出是在我国网络安全法律《中华人民共和国网络安全法》中，《中华人民共和国网络安全法》第二十三条规定：网络关键设备和网络安全专用产品应当按照相关国家标准的强制性要求，由具备资格的机构安全认证合格或者安全检测符合要求后，方可销售或者提供。国家网信部门会同国务院有关部门制定、公布网络关键设备和网络安全专用产品目录，并推动安全认证和安全检测结果互认，避免重复认证、检测。

哪些设备是网络关键设备呢？为了解决网络关键设备的范围问题，2017 年 6 月 1 日，国家互联网信息办公室、工业和信息化部、公安部和国家认证认可监督管理委员会四部委联合发布公告，明确了第一批《网络关键设备和网络安全专用产品目录》，其中包括路由器、交换机、服务器（机架式）和可编程逻辑控制器（PLC 设备）4 类网络关键设备。第一批网络关键设备范围如表 1-1 所示。

表1-1　第一批网络关键设备范围

序号	设备名称	范围
1	路由器	整系统吞吐量（双向）≥ 12Tbit/s，整系统路由表容量≥ 55 万条
2	交换机	整系统吞吐量（双向）≥ 30Tbit/s，整系统包转发率≥ 10Gpps
3	服务器（机架式）	CPU 数量≥ 8 个，单 CPU 内核数≥ 14 个，内存容量≥ 256GB
4	可编程逻辑控制器（PLC 设备）	控制器指令执行时间≤ 0.08μs

网络关键设备究竟应该如何定义？应当按照什么标准来判断一个设备是否属于网络关键设备？2021 年，我国发布了国家标准 GB 40050-2021《网络关键设

备安全通用要求》，其中 3.7 节明确了网络关键设备定义：网络关键设备是支持联网功能，在同类网络设备中具有较高性能的设备，通常应用于重要网络节点、重要部位或重要系统中，一旦遭到破坏，可能引发重大网络安全风险。同时，在标准注解中进一步提示，具有较高性能是指设备的性能指标或规格符合《网络关键设备和网络安全专用产品目录》中规定的范围。

每一类网络关键设备有其特定的定义。在 GB/T 41269-2022《网络设备安全技术要求 路由器设备》中的 3.1 节给出了路由器的定义，路由器是用来建立和控制不同网络间数据流的网络设备，附注中解释了路由器基于路由协议机制和算法来选择路径或路由以实现建立和控制网络间的数据流，网络自身可以基于不同的网络协议。在 GB/T 41267-2022《网络设备安全技术要求 交换机设备》中的 3.1 节给出了交换机的定义，交换机是利用内部交换机制来提供联网设备之间连通性的设备，附注中解释了交换机中的交换机制通常在 OSI 参考模型的第 2 层或第 3 层实现。在 OSI 参考模型的第 2 层实现的交换机通常叫以太网交换机，在 OSI 参考模型的第 3 层实现的交换机通常叫三层交换机。关于服务器的定义，有多项标准可供参考。GB/T 9813.3-2017《计算机通用规范 第 3 部分：服务器》中的 3.1 节对服务器的定义是：服务器是信息系统的重要组成部分，是信息系统中为客户端计算机提供特定应用服务的计算机系统，由硬件系统（处理器、存储设备、网络连接设备等）和软件系统（操作系统、数据库管理系统、应用系统）组成。而在 GB/T 39680-2020《信息安全技术 服务器安全技术要求和测评准则》中的 3.1.1 节对服务器的定义是网络环境下为客户端计算机提供特定应用服务的计算机系统。同时附注说明了计算机系统是指服务器硬件系统，主要包括独立计算单元、存储单元、网络传输单元、监控管理单元、供电单元及驱动程序。可编程逻辑控制器（PLC）的定义可参考 GB/T 33008.1-2016《工业自动化和控制系统网络安全 可编程序控制器（PLC）第 1 部分：系统》的 3.1.1 节，可编程序（逻辑）控制器（PLC）是一种用于工业环境的数字式操作的电子系统。这种系统用可编程的存储器作为面向用户指令的内部寄存器，完成规定的功能，如逻辑、顺序、定时、技术、运算等，通过数字或模拟的输入 / 输出，控制各种类型的机械或过程。可编程序控制器及其相关外围设备的设计，使它能够非常方便地集成到工业控制系统中，并能很容易地实现所期望的所有功能。

第 2 节　网络关键设备安全风险

网络关键设备大量使用 TCP/IP 协议族。TCP/IP 协议族的开放性推动了通信技术的快速发展，催生了互联网时代、移动互联网时代，促进了国家和区域经济的发展，也为人们的日常生活提供了更多便利。但是 TCP/IP 技术的开放性也引入了大量的安全问题，人们通过 TCP/IP 在实现互联的同时，心怀不轨的恶意攻击者也接入了网络世界，蠕虫病毒、分布式拒绝服务（DDoS）攻击、勒索病毒、口令暴力破解、中间人攻击、硬件植入攻击等攻击手段层出不穷，对网络生态造成了极大的负面影响。

网络关键设备涉及的网络安全风险主要包括弱口令风险、拒绝服务攻击风险、软硬件漏洞风险、供应链风险等方面。

1. 弱口令风险

弱口令一般是指很容易被攻击者猜出的口令。根据 NordPass 公布的统计信息，2021 年最常见的口令是"123456"，在全球范围内被使用超过 1 亿次。常见的十大弱口令统计信息如表 1-2 所示。

表1-2　常见的十大弱口令（数据来源：NordPass）

序号	口令	破解时长	被使用次数
1	123456	< 1s	103 170 552
2	123456789	< 1s	46 027 530

续表

序号	口令	破解时长	被使用次数
3	12345	< 1s	32 955 431
4	qwerty	< 1s	22 317 280
5	password	< 1s	20 958 297
6	12345678	< 1s	14 745 771
7	111111	< 1s	13 354 149
8	123123	< 1s	10 244 398
9	1234567898	< 1s	9 646 621
10	1234567	< 1s	9 396 813

从规则上分析，弱口令有 3 个特点。第一个特点是口令的长度不足，一般认为在重要的设备或系统中，口令长度小于 8 个字符是不安全的；第二个特点是复杂度不足，也就是口令的字符类型和组合方式较为单一，例如仅由数字组成的口令或仅由小写字母组成的口令都被认为不安全，而同时包括了数字、大写字母、小写字母、特殊字符中的 3 种及以上的口令被认为是更安全的口令；第三个特点是与账号的关联性强，所谓口令与账号的关联性是指通过账号能够较为容易地猜测或推理出口令，例如账号是 admin，口令是 admin123。

2. 拒绝服务攻击风险

拒绝服务（DoS）攻击通常是指攻击者通过攻击使正常用户无法获得服务。网络设备层的拒绝服务攻击是指攻击者通过攻击使正常用户无法正常使用网络设备，包括控制、管理网络设备或通过网络设备转发数据。实现拒绝服务攻击的方式有很多，最常见的是通过发送大量的数据包占用系统分配给服务的资源，触发系统资源不足导致拒绝服务，常见的攻击如下。

（1）ICMPv4/v6 Ping request Flood：通过发送大量高速 ICMPv4/v6 Ping request 数据包，使主机或网络设备出现处理资源不足的情况。

（2）TCPv4/v6 SYN Flood：利用 TCP（传输控制协议）三次握手协议存在的

机制漏洞，向主机或网络设备发送大量的 SYN 但不回复 ACK，使目标主机或网络设备耗费资源建立和维护大量的 TCP 半连接。

还有一种拒绝服务攻击的方式是通过构造畸形的网络数据包，触发设备协议栈或系统产生缓冲区溢出等运行问题，导致设备宕机或重启。举个例子，思科公司的网络设备操作系统软件（Cisco IOS Software）存在一个 TFTP 拒绝服务的漏洞，漏洞编号是 CVE-2015-0681，这个漏洞的触发是通过一个特定的 TFTP 网络数据包，在不需要任何口令或授权的情况下使思科的路由器或交换机设备重启，即处于拒绝服务的状态。

3. 软硬件漏洞风险

软硬件漏洞是网络设备中普遍和长期存在的弱点，而利用软硬件漏洞可使无授权的相关人员"侵入"他本不应该进入的系统，窃取机密信息、个人隐私或破坏系统运行。一个高风险的漏洞可以对国家重要基础设施甚至国家安全造成毁灭性打击，典型的案例如微软早期产品中的冲击波病毒攻击，伊朗核电站所遭遇的"震网"（Stuxnet）病毒攻击等。

从分类上看，软硬件漏洞一般可分为以下几类。第一类是硬件漏洞，例如因特尔公司部分 CPU 处理器芯片存在的熔断/幽灵等漏洞。第二类是系统软件漏洞，例如 Linux kernel CIFS DNS 解析功能设计错误漏洞（CVSS score 9.8），Linux kernel 是美国 Linux 基金会发布的开源操作系统 Linux 所使用的内核。NFSv4 implementation 是其中的一个分布式文件系统协议。Linux kernel 2.6.35 之前版本中的 CIFS 工具的 DNS 解析功能在启用 CONFIG_CIFS_DFS_UPCALL 时，没有对 cifs.upcall 的用户空间辅助 dns_resolver upcall 的用户密钥环进行正确的访问限制，本地用户可以借助包含 add_key 调用的向量欺骗 DNS 查询请求结果和执行任意 CIFS 加载。第三类是应用软件漏洞，例如 sysstat 资源管理错误漏洞（CVSS score 9.8），sysstat 是一套适用于 Linux 平台的系统性能监控工具。sysstat 12.2.0 及之前版本中的 sa_common.c 文件的'check_file_actlst'函数存在资源管理错误漏洞。远程攻击者可借助特制文件利用该漏洞导致应用程序崩溃。第四类是协议漏洞，例如支持 IPv6 协议的部分路由器设备存在 0 型（Type 0）路由选项头协议漏洞，具体来说，在 IPv6 基本协议中规定了 0 型（Type 0）路由选项头，攻击者可以利用该路由选项头构造从源路由器到目的路由器之间的 RH 报文，造成放大攻击。目前在 RFC 5095 中已经废除了 0 型路由选项头，但是 IPv6 网络中仍然存在大量老旧产品，依然支持 0 型路由选项头，这些设备会成为攻击的目标。第五类是第三方组件（开源组件、商业组件）引入的漏洞，例如 OpenSSL 信息泄露漏洞（CVSS score 7.5），OpenSSL 是 OpenSSL 团队的一个开源的能够实现安全套接层（SSLv2/v3）和安全传输层（TLSv1）协议的通用加密库。该产品支持多种加密算法，包括对称密码算法、非对称密码算法、安全散列算法等。OpenSSL 的 TLS、SSH 和 IPSec 协议和其他协议及产品中使用的 DES 和 Triple DES 密码算法存在信息泄露漏洞。该漏洞源于网络系统或产品在运行过程中存在配置等错误。攻击者可利用漏洞获取受影响组件的敏感信息。

4. 供应链风险

供应链风险一般是指 ICT 供应链风险，也就是为满足供应关系，通过资源和过程将需方、供方相互连接的网链结构，可用于将 ICT 的产品和服务提供给需方。ICT 供应链通常以 ICT 产品和服务的设计开发为起点，经过生产等环节将产品和服务交付给需方，并对产品和服务进行运维等，直至其废弃，涉及设计、研发、采购、生产、仓储、运输、销售、维护、返回、销毁等众多环节。网络设备供应链属于 ICT 供应链范畴。

供应链安全风险也需从内部脆弱性和外部安全威胁两方面，围绕电信设备在设计、研发、采购、生产、仓储、运输、销售、维护、返回、销毁等全生命周期各环节中涉及的不同角色和合作方，开展风险识别和分析。

网络设备设计和研发阶段的主要任务是设计产品的实现方案，如概要设计、详细设计等，其中需要确定使用的元器件、软件框架等。这一阶段主要的供应链风险集中在元器件选用、开发环境、采购及物流等。

（1）元器件选用风险

在选用元器件时，首先考虑的是要满足功能要求，然后考虑经济性、稳定性、健壮性等。但是元器件作为 ICT 产品的基本组成部分，其安全性至关重要。元器件，尤其是核心元器件出现安全问题，将严重影响最终产品的安全性。

2017 年 2 月，思科公司集中发布了 8 个公告，包括路由器、交换机、防火墙等在内超过 50 个型号的主要网络产品（包括 12 个型号的 MS350 交换机全线产品和 36 个型号的路由器）中存在问题时钟组件，该组件运行 18 个月后的失效率可能会提升，导致设备永久无法使用。思科设备中问题时钟产生的根源指向其中央处理器（CPU）芯片供应商英特尔（Intel）公司，该公司为思科提供的 Atom C2000 系列产品的时钟组件存在缺陷。英特尔存在缺陷的 CPU 产品被广泛应用于基础网络设备，思科、华为、戴尔、爱立信、惠普、浪潮等厂商的设备均使用了该系列芯片。

除了安全漏洞，在选用元器件时，还应当考虑供货的稳定性。在 ICT 产业全球化的态势下，ICT 供应链安全与国家安全之间的关系日益密切。复杂且全球化的供应链在使企业享受全球新技术、规模经济效益的同时，也面临着新的安全风险，如国际环境因素导致的断供风险。国际政治、战争、贸易管制、知识产权等一种或者多种因素导致供应链中的产品或者服务中的必须要素（组件、部件、算法、技术等）无法获得，将导致整个产品或服务都无法实现。

（2）开发环境风险

随着安全意识的普及，企业在设计研发过程中往往会考虑产品的安全性，并设计相应的安全功能。但是，开发环境的安全性却被忽略了，选用存在安全隐患的开发环境或者组件，往往会出现更加隐蔽、影响范围更广的安全问题。

Xcode 是由苹果公司发布的、运行在 Apple 所有平台上的集成开发工具，是开发 OS X 和 iOS 应用程序的最主流工具。自 2015 年 9 月 14 日起，一例 Xcode 非官方版本恶意代码污染事件逐步被人们关注，并成为热点事件。多数分析者将这一事件称为"XcodeGhost"。攻击者通过对 Xcode 进行篡改，加入恶意模块，并进行各种传播活动，使大量开发者使用被污染过的版本，建立开发环境。经过被污染过的 Xcode 版本编译出的 App 将被植入恶意逻辑，其中包括向攻击者注册的域名回传若干信息，并可能增加弹窗攻击和被远程控制的风险。

（3）采购风险

传统采购的重点放在如何和供应商进行商业交易的活动上，其特点是比较重视交易过程中价格的比较，通过供应商的多方竞争，从中选择价格最低的一方作为合作者。结合 ICT 产品的特点，在 ICT 供应链的采购环节中，还应重点关注如何保障采购物资（包括组件、部件或元器件，以及仪器仪表、生产设备、开发工具等）的完整性和安全性。例如，由于缺乏元器件的供货质量、来源安全的验证手段，无法识别完整性、真实性遭到破坏的部件、组件或元器件。

在采购环节中，除了购买产品，还会购买服务，如外包或者外协。这个过程中的安全风险主要来自提供服务的第三方。如外包或者外协人员缺乏安全技能或者安全意识，外包或者外协单位的安全控制措施不足、开发过程不规范等，都有可能给最终的产品或服务带来安全风险。

2017 年，瑞典政府发现了一个严重的安全问题——外包公司对于政府敏感数据的访问权限控制存在漏洞，未获得安全许可的外包员工能够接触到敏感信息，这些信息均为重要的国家安全信息和个人信息，如瑞典公路和桥梁的承载能力；空军战斗机飞行员的姓名、照片和家庭地址；警察的姓名、照片和家庭地址；特种部队成员的姓名、照片和住址；受保护证人的姓名、照片和住址，以及其获得的保护身份；政府和军队所有车辆的所属机构、车辆型号、载重和机械缺陷；警方所登记的公民信息等。这起严重的数据泄露事故直接导致执政党遭到弹劾，两名内阁成员因此辞职。

（4）物流风险

物流安全包括信息安全、运输安全、加工安全与存储安全。在运输过程中，产品可能会被植入、篡改、替换、伪造、破坏、滞留或者丢失，这是物流环节所面临的安全风险。2014 年，据美国国家安全局（NSA）前雇员爱德华·斯诺登（Edward Snowden）披露，路由器、服务器和其他网络设备从美国出口并交付给国外客户前，NSA 经常拦截这些设备，然后在设备中植入后门监视工具，再用厂家的密封条重新包装设备后继续运输。NSA 因此得以访问整个网络及其所有用户信息。这种攻击手段隐蔽性非常高。

在运输过程中，除存在被篡改等破坏完整性的风险外，还存在着敏感信息被泄露的风险。如在军工等敏感领域，如果物流信息被泄露了，攻击者可以通过物流信息（收货人名字、地址、货物信息等）推测出该单位近期的研发任务或者生产计划等。

第3节　网络设备安全法律法规

为保障通信网络设备的安全，我国接连颁布了多项重要的网络安全相关的法律法规，包括《中华人民共和国网络安全法》《关键信息基础设施安全保护条例》《中华人民共和国电信条例》《网络安全审查办法》《网络产品安全漏洞管理规定》等，在法律法规层面对网络设备的安全进行了规定。我国网络设备安全监管政策法规如表 1-3 所示。

表1-3　我国网络设备安全监管政策法规

	网络关键设备安全检测 / 认证	电信设备进网许可	关键信息基础设施安全保护	网络安全审查
法规依据	《中华人民共和国网络安全法》	《中华人民共和国网络安全法》《中华人民共和国电信条例》	《中华人民共和国网络安全法》《关键信息基础设施安全保护条例》	《中华人民共和国网络安全法》《网络安全审查办法》

续表

	网络关键设备安全检测/认证	电信设备进网许可	关键信息基础设施安全保护	网络安全审查
管理对象	《网络关键设备和网络安全专用产品目录（第一批）》包括路由器、交换机、服务器和PLC设备。	电信终端设备、无线电通信设备和涉及网间互联的设备	公共通信和信息服务、能源、交通、水利、金融、公共服务、电子政务等重要行业和领域，以及其他一旦遭到破坏、丧失功能或者数据泄露，可能严重危害国家安全、国计民生、公共利益的关键信息基础设施	关系国家安全的网络和信息系统采购的重要网络产品和服务

　　《中华人民共和国网络安全法》第二十三条规定：网络关键设备和网络安全专用产品应当按照相关国家标准的强制性要求，由具备资格的机构安全认证合格或者安全检测符合要求后，方可销售或者提供。国家网信部门会同国务院有关部门制定、公布网络关键设备和网络安全专用产品目录，并推动安全认证和安全检测结果互认，避免重复认证、检测。

　　《中华人民共和国电信条例》第五十三条规定，"国家对电信终端设备、无线电通信设备和涉及网间互联的设备实行进网许可制度。"第五十七条规定，"任何组织或者个人不得有下列危害电信网络安全和信息安全的行为：（一）对电信网的功能或者存储、处理、传输的数据和应用程序进行删除或者修改；（二）利用电信网从事窃取或者破坏他人信息、损害他人合法权益的活动；（三）故意制作、复制、传播计算机病毒或者以其他方式攻击他人电信网络等电信设施；（四）危害电信网络安全和信息安全的其他行为。"

　　《电信设备进网管理办法》第三条规定"国家对接入公用电信网的电信终端设备、无线电通信设备和涉及网间互联的电信设备实行进网许可制度。实行进网许可制度的电信设备必须获得工业和信息化部颁发的进网许可证；未获得进网许可证的，不得接入公用电信网使用和在国内销售。"

《网络安全审查办法》第十条规定，"网络安全审查重点评估相关对象或者情形的以下国家安全风险因素：（一）产品和服务使用后带来的关键信息基础设施被非法控制、遭受干扰或者破坏的风险；（二）产品和服务供应中断对关键信息基础设施业务连续性的危害；（三）产品和服务的安全性、开放性、透明性、来源的多样性，供应渠道的可靠性以及因为政治、外交、贸易等因素导致供应中断的风险；（四）产品和服务提供者遵守中国法律、行政法规、部门规章情况；（五）核心数据、重要数据或者大量个人信息被窃取、泄露、毁损以及非法利用、非法出境的风险；（六）上市存在关键信息基础设施、核心数据、重要数据或者大量个人信息被外国政府影响、控制、恶意利用的风险，以及网络信息安全风险；（七）其他可能危害关键信息基础设施安全、网络安全和数据安全的因素。"

从国际上看，美国、欧洲等国家和地区也存在网络设备安全监管措施。美国加利福尼亚州 2018 年颁布了针对物联网（IoT）设备的《联网设备信息隐私保护法案》（*SB-327 Information Privacy: Connected Devices*），该法案于 2020 年 1 月 1 日起实施生效。这一法案规范的对象是联网设备的制造商，联网设备是指能够直接或间接连接到 Internet 并且被分配了 IP 地址或蓝牙地址的任何设备或其他物体。法案主要规定了三方面的内容。

其一，要求联网设备的制造商为设备配备合理的安全性能或与设备性质和功能相适应的性能，这里主要是指适合于设备并且适用于设备收集、包含或传输信息的性能。针对这一要求，该法案给出了两种最佳实践。一是为每一个制造的设备设置唯一的预编程口令；二是要求用户在首次授予设备访问权限之前生成新的身份验证方法。

其二，要求企业采取合理的管理和控制措施确保个人信息的安全，并对不再需要保留的个人信息采取相应的手段，做到难以恢复与识别。

其三，要求企业维护信息安全流程与实践，以避免个人信息被未经授权地访问、破坏、使用、修改或披露等。

2019 年 6 月，《欧盟网络安全法案》正式施行。该法案建立了欧盟 ICT 产品和服务的统一网络安全认证框架，以确保在欧盟销售的 ICT 产品和服务符合欧盟网络安全标准，加强欧盟对 ICT 产品和服务的网络安全监管。

《欧盟网络安全法案》规定了欧盟网络安全认证制度的安全目标：

（1）保护 ICT 产品或服务全生命周期中数据在存储、传输和处理中的安全性，包括避免未授权地访问或者泄露等；

（2）保护 ICT 产品或服务全生命周期中数据在存储、传输和处理中的安全性，包括避免未授权的销毁、修改或者丢失等；

（3）ICT 产品和服务要实现访问控制；

（4）识别和记录已知的脆弱性和依赖性；

（5）支持日志记录功能；

（6）支持日志审计功能；

（7）ICT 产品和服务中不存在已知的漏洞；

（8）在安全事件发生时，具备应急恢复功能；

（9）在设计 ICT 产品和服务时要考虑安全，同时产品和服务在默认状态下是安全的；

（10）ICT 产品和服务具备安全更新机制，其中的软件能够及时更新、硬件中不存在已知漏洞。

第 2 章

网络关键设备安全相关标准

现行的网络关键设备安全标准包括国家标准、通信行业标准和团体标准。国家标准由我国的标准化主管部门统一发布，通信行业标准由工业和信息化部发布，而团体标准则由相应的社会团体发布。

第 1 节　国家标准

1. GB 40050-2021《网络关键设备安全通用要求》

该项标准是一项强制性国家标准，由国家市场监督管理总局和国家标准化管理委员会于 2021 年 2 月 20 日发布，于 2021 年 8 月 1 日正式实施。这项标准是网络关键设备安全检测应遵从和满足的基本要求，规定了网络关键设备的通用安全功能要求和安全保障要求。这项标准适用于网络关键设备，为网络运营者采购网络关键设备提供了依据，还适用于指导网络关键设备的研发、测试、服务等工作。

2. GB/T 41266-2022《网络关键设备安全检测方法 交换机设备》

该项标准是一项推荐性国家标准，由国家市场监督管理总局和国家标准化管理委员会于 2022 年 3 月 9 日发布，于 2022 年 10 月 1 日正式实施。这项标准是与 GB 40050-2021《网络关键设备安全通用要求》配套实施的一项标准，规定了列入网络关键设备目录的交换机设备在标识安全、冗余、备份恢复与异常检测、漏洞与缺陷管理、预装软件启动及更新安全、用户身份标识与鉴别安全、访问控制安全、日志审计安全、通信安全、数据安全等方面的检测方法，并规定了上述设备的安全保障要求的评估方法。这项标准适用于列入《网络关键设备和网络安全专用产品目录》的交换机设备，也可为网络运营者在采购交换机设备时提供依据，还适用于指导交换机设备的研发、测试等工作。

3. GB/T 41267-2022《网络关键设备安全技术要求 交换机设备》

该项标准是一项推荐性国家标准，由国家市场监督管理总局和国家标准化管理委员会于 2022 年 3 月 9 日发布，于 2022 年 10 月 1 日正式实施。这项标准是与 GB 40050-2021《网络关键设备安全通用要求》配套实施的一项标准，规定了列入网络关键设备目录的交换机设备的安全功能要求和安全保障要求。这项标准适用于列入《网络关键设备和网络安全专用产品目录》的交换机设备。

4. GB/T 41268-2022《网络关键设备安全检测方法 路由器设备》

该项标准是一项推荐性国家标准，由国家市场监督管理总局和国家标准化管理委员会于 2022 年 3 月 9 日发布，于 2022 年 10 月 1 日正式实施。这项标准是与 GB 40050-2021《网络关键设备安全通用要求》配套实施的一项标准，规定了列入网络关键设备目录的路由器设备在标识安全、冗余、备份恢复与异常检测、漏洞与缺陷管理、预装软件启动及更新安全、默认状态安全、抵御常见攻击能力、用户身份标识与鉴别安全、访问控制安全、日志审计安全、通信安全、数据安全等方面的检测方法，并规定了上述设备在设计和开发、生产和交付、运行和维护 3 个阶段的安全保障要求的评估方法。这项标准适用于列入《网络关键设备和网络安全专用产品目录》的路由器设备，也可为网络运营者采购路由器设备提供依据，还适用于指导路由器设备的研发、测试等工作。

5. GB/T 41269-2022《网络关键设备安全技术要求 路由器设备》

该项标准是一项推荐性国家标准，由国家市场监督管理总局和国家标准化管理委员会于 2022 年 3 月 9 日发布，于 2022 年 10 月 1 日正式实施。这项标准是与 GB 40050-2021《网络关键设备安全通用要求》配套实施的一项标准，规定了列入《网络关键设备和网络安全专用产品目录》的路由器设备的安全功能要求和安全保障要求。这项标准适用于列入《网络关键设备和网络安全专用产品目录》的路由器设备。

6. GB/T 39680-2020《信息安全技术 服务器安全技术要求和测评准则》

该项标准是一项推荐性国家标准，由国家市场监督管理总局和国家标准化管理委员会于 2020 年 12 月 14 日发布，于 2021 年 7 月 1 日正式实施。这项标准规定了服务器的安全技术要求和测评准则，主要技术内容包括设备标签、硬件接口安全、固件安全、驱动程序安全、可靠运行支持、自身安全管理等安全功能要求以及相应的测评准则，开发、指导性文档、生命周期支持、测试、脆弱性评定、维护等安全保障要求以及相应的测评准则。这项标准适用于服务器的研制、生产、维护和测评。

7. GB/T 33008.1-2016《工业自动化和控制系统网络安全 可编程序控制器（PLC）第 1 部分：系统要求》

该项标准是一项推荐性国家标准，由国家市场监督管理总局和国家标准化管理委员会于 2016 年 10 月 13 日发布，于 2017 年 5 月 1 日正式实施。这项标准规定了 PLC 的网络安全要求，包括 PLC 直接或间接地与其他系统通信的网络安全要求。这项标准适用于工程设计方、设备生产商、系统集成商、用户及评估认证机构等。

第 2 节　团体标准

T/TAF 088-2021《网络关键设备安全通用检测方法》

该项标准是一项团体标准，由电信终端产业协会于 2021 年 6 月 2 日发布，于 2021 年 6 月 10 日正式实施。这项标准是与 GB 40050-2021《网络关键设备安全通用要求》配套实施的一项检测标准，规定了网络关键设备在标识安全、冗余、备份恢复与异常检测、漏洞与缺陷管理、预装软件启动及更新安全、用户身份标识与鉴别安全、访问控制安全、日志审计安全、通信安全、数据安全等方面的检测方法，并规定了上述设备的安全保障要求的评估方法。这项标准适用于对网络关键设备的检测，还可用于指导网络关键设备的研发、测试等工作。

第3章

路由器安全功能检测

第1节　测试环境

测试环境如图3-1和图3-2所示。

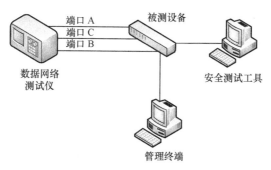

图3-1　测试环境1

　　数据网络测试仪一般连接到设备的业务接口,用于模拟发送数据包。安全测试工具一般连接到设备的业务接口或管理接口,用于进行漏洞扫描、端口扫描等安全测试。管理终端一般连接到设备的管理接口,用于对被测设备进行配置管理。

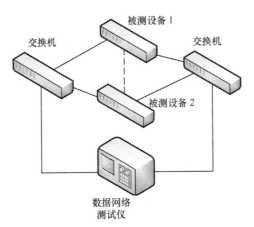

图3-2 测试环境2

第2节 硬件标识安全

一、检测方法

该检测项包括如下内容。

1. 安全要求

（1）硬件整机应具备唯一性标识。

（2）设备的主控板卡、业务板卡、交换网板、风扇、电源、存储系统软件的板卡或其他介质（硬盘、闪存卡等）等主要部件应具备唯一性标识。

（3）设备应标识每个物理接口并说明其功能，不得预留未向用户声明的物理接口。

2. 预置条件

厂商提供设备硬件接口配置的说明材料。

3. 检测步骤

（1）检查硬件整机是否具备唯一性标识。

（2）检查设备的主控板卡、业务板卡、交换网板、风扇、电源、存储系统软件的板卡或其他介质（硬盘、闪存卡等）等主要部件是否具备唯一性标识。

（3）检查每个物理接口及相关的说明材料，检查设备是否存在未标识的外部物理接口。

4. 预期结果

（1）硬件整机具备唯一性标识。

（2）设备的主控板卡、业务板卡、交换网板、风扇、电源、存储系统软件的板卡或其他介质（硬盘、闪存卡等）等主要部件具备唯一性标识。

（3）每个物理接口都有标识，并通过说明书或其他材料书面说明每个物理接口的功能，设备不存在未标识的外部物理接口。

二、检测实施过程要点

（1）检查整机硬件标识。一般情况下。网络关键设备在硬件整机外部贴有唯一性标识的设备序列号，如图 3-3 所示。

图3-3　唯一性标识的设备序列号

也有部分网络关键设备的整机唯一性标识被写入设备软件。

```
Router(config)# show devid
Shelf          system devid
=================================================================
0              100110012A2A222A271548501009
-----------------------------------------------------------------
```

（2）路由器常见的主要部件唯一性标识通常贴在部件表面。

第3节　软件标识安全

一、检测方法

该检测项包括如下内容。

1. 安全要求

应对预装软件 / 固件、补丁包 / 升级包的不同版本进行唯一性标识。

2. 预置条件

厂商提供设备运行所需的预装软件 / 固件，以及可用的补丁包 / 升级包。

3. 检测步骤

（1）检查预装软件 / 固件是否具备唯一性标识。

（2）检查补丁包 / 升级包是否具备唯一性标识。

4. 预期结果

（1）预装软件 / 固件具备唯一性标识。

（2）补丁包 / 升级包具备唯一性标识。

二、检测实施过程要点

（1）检查预装软件 / 固件的唯一性标识，通常在设备中查看预装软件 / 固件版本，并查看该预装软件 / 固件版本的散列值。

```
[Router]display version
XXXXXXXX Softwarer version 7.1.070 Release 2713
Copyright (c) 2004-2018 XXXXXXXX Co·Ltd.All rightsreserved.
Last reboot reason:User reboot
Boot image: flash:/ Router -XXXXXXXX-R2713.bin
Boot image version:7.1.070P2216,Release 2713
  Corpiled Aug 24201811:00:00
system image: flash:/ Router - XXXXXXXX -R2713.bin
system image version:7.1.070 Release2713
  Corpiled Aug 24201811:00:00
```

（2）检查补丁包 / 升级包的唯一性标识，并查看其散列值。

第 4 节　　鉴别提示信息安全

检测方法

该检测项包括如下内容。

1. 安全要求

用户登录通过鉴别前的提示信息应避免包含设备软件版本、型号等敏感信息，例如可通过支持关闭提示信息或者用户自定义提示信息等方式实现。

2. 预置条件

（1）按测试环境 1 搭建好测试环境。

（2）厂商提供设备管理方式的说明材料。

3. 检测步骤

（1）根据设备管理方式的说明材料,配置设备的管理方式及相应的管理账号，尝试登录设备。

（2）通过不同的管理方式登录设备，检查用户登录通过鉴别前的提示信息是否包含设备软件版本、型号等敏感信息。

4. 预期结果

用户登录通过鉴别前的提示信息未包含设备软件版本、型号等敏感信息。

第5节　设备冗余和自动切换功能

网络关键设备整机应支持主备切换功能或关键部件应支持冗余功能。网络关键设备应至少通过设备冗余和自动切换功能（整机冗余）以及设备冗余和自动切换功能（部件冗余）中的一项测试。

一、检测方法

1. 设备冗余和自动切换功能（整机冗余）

该检测项包括如下内容。

（1）安全要求

路由器设备应提供整机主备自动切换功能，在设备运行状态异常时，切换到冗余设备以降低安全风险。

（2）预置条件

① 按测试环境 2 搭建好测试环境。

② 两台设备分别配置为主用设备与备用设备或负载分担模式。

（3）检测步骤

① 数据网络测试仪两对端口之间发送背景流量。

② 下线被测设备 1。

③ 查看数据流量是否自动切换到被测设备 2。

④ 重新上线被测设备 1。

⑤ 被测设备 1 恢复正常运行后，查看数据流量状态是否正常。

（4）预期结果

① 在检测步骤③中，被测设备 2 能自动启用，流量能切换到被测设备 2 上。

② 在检测步骤⑤中，被测设备 1 能正常运行，且数据流量状态正常。

③ 支持主备模式和负载分担模式中的一种即可。

④ 如被测设备不具备可插拔的主控板卡、业务板卡、交换网板等部件，设备应支持整机冗余和自动切换功能。

⑤ 支持设备整机冗余和关键部件冗余中的一项即可判定为符合要求。

2. 设备冗余和自动切换功能（部件冗余）

该检测项包括如下内容。

（1）安全要求

路由器设备应提供关键部件的自动切换功能，在关键部件运行状态异常时，切换到冗余部件以降低安全风险。

（2）预置条件

① 按测试环境 1 搭建好测试环境。

② 被测设备关键部件配置冗余。

③ 厂商提供支持冗余和自动切换的部件清单。

（3）检测步骤

① 数据网络测试仪发出背景流量。

② 按照厂商提供的清单，分别拔掉或关闭处于运行状态的关键部件（如主控板卡、交换网板、电源和风扇等），等待一段时间并观察被测设备的工作状态。

③ 查看数据流量是否有丢包现象，并记录丢包的数量。

（4）预期结果

① 被测设备可以自动启用备用关键部件（如备用主控板卡、备用交换网板、

备用电源、备用风扇等），运行正常。

② 如被测设备具备相应的部件，支持冗余和自动切换的部件应至少包括主控板卡、交换网板、电源和风扇。

③ 如被测设备不具备可插拔的主控板卡、业务板卡、交换网板等部件，那么对这些部件进行冗余和自动切换功能测试并不适用。

④ 支持设备整机冗余和关键部件冗余中的一项即可判定为符合要求。

二、检测实施过程要点

1. 设备冗余和自动切换功能（整机冗余）

（1）测试设备整机冗余功能，需准备软件版本相同的被测设备和辅助设备各一台，并准备 1～2 台交换机设备和一台数据网络测试仪，按测试环境 2 搭建好测试环境。

（2）将两台设备分别配置为主用设备与备用设备或负载分担模式，这里以 VRRP（虚拟路由冗余协议）方式为例，将被测设备配置为主用设备。

```
[Router]dis vrrp verbose
IPv4 virtual router information
 Running mode:Standard
 Total number of virtual routers:2
   Interface Ten-GigabitEthernet3/1/3.26
     VRID            : 1           Advertimer 100 centiseconds
     Admin status    : Up          State  Master
     Config pri      : 120         Running pri    120
     Preempt mode    : Yes         Delay time  5000 centiseconds
     Auth type       : None
     Virtual IP      : 26.1.1.111
     Virtual MAC     : 0000-5e00-0101
     Master IP       : 26.1.1.2
     Backup ARP      : Disabled

   Interface Ten-GigabitEthernet3/1/7.27
     VRID            : 2           Adver  timer        : 100 centiseconds
```

```
Admin status        : Up              State          : Master
Config pri          : 120             Running pri     : 120
Preempt mode        : Yes             Delay time      : 5000centiseconds
Auth type           : None
Virtual IP          : 27.1.1.111
Virtual MAC         : 0000-5e00-0102
MasterIP            : 27.1.1.2
Backup ARP          : Disabled
```

将辅助设备配置为备用设备。

```
[Router] dis vrrp verbose
IPv4 virtual router information:
Running mode:Standard
 Total number of virtualrouters:
   Interface Ten-GigabitEthernet2/2/3.26
     VRID                :1              Advertimer      :100 centiseconds
     Admin status        :Up             State          :Backup
     Config pri          :110            Running pri     :110
     Preempt mode        :Yes            Delay time      :5000centiseconds
     Become master       :2620 millisecond left
     Auth type           :None
     Virtual IP          :26.1.1.111
     Master IP           :26.1.1.2
     Backup ARP          :Disabled

   Interface Ten-GigabitEthernet2/2/7.27
     VRID                :2              Adver timer     : 100centiseconds
     Admin status        :Up             State          : Backup
     Config pri          :110            Running pri     : 110
     Preempt mode        :Yes            Delay time      : 5000 centiseconds
     Become master       :3550 millisecond left
     Auth type           :None
     Virtual IP          :27.1.1.111
     Master IP           :27.1.1.2
     Backup ARP          :Disabled
```

数据网络测试仪两对端口发送双向测试流量，如图 3-4 所示。可在被测设备上监测到流量转发情况。

Basic Counters	Errors	Basic Sequencing	Advanced Sequencing	Histograms			
Name/ID	Tx Port Name	Rx Port Names	Tx Count (Frames)	Rx Count (Frames)	Dropped Count (Frames)	Dropped Frame Percent	In-order Count (Frames)
vrrp-1/131...	Port 1/2/6 [3...	Port 1/2/7	151,793,953	120,971,276	0	-0.000	120,971,276
vrrp-2/196	Port 1/2/7 [0...	Port 1/2/6...	121,077,006	121,609,249	0	0.000	121,609,249

图3-4 双向测试流量

（3）将被测设备下线。

[Router-Ten-GigabitEthernet3/1/3] shutdown

[Router-Ten-GigabitEthernet3/1/3]%May620:11:00:419 2021 Router VRRP4/

6/VRRP STATUS CHANGE:-MDC=1:

The status of IPv4 virtual router 1 (configured on Ten-GigabitEthernet3/1/3.26)changed from Master to Initialize: Interface event received.

%May 6 20:11:00:426 2021 Router OSPF/5/OSPF_NBR_CHG REASON:-MDC=1;OSPF 1Area 0.0.0.0 Router 192.168.24.119(XGE3/1/3.26)CPU usage:25.71%,IfMTU:1500,Neighbor address:2 6.1.1.1,NbrID:192.168.24.118 changed from FULL to DOWN because the interface went down or MTU changed at 2021-05-06 20:11:00:425.Last 4 hel

1o packets received at2021-05-0620:10:22:167,2021-05-0620:10:32:142.   2021-05-0620:10:42: 1422021-05-0620:10:52:142,Last4hellopacketssentat: 2

021-05-0620:10:27:847   2021-05-0620:10:37:847,2021-05-0620:10:47:847   2021-05-0620:10:57:847

%May 620:11:00:426 2021 Router OSPF/3/OSPF_NBR_CHG:--MDC=1:OSPF 1 Neighbo r26.1.1.1(Ten-GigabitEthernet3/1/3.26)changed from FULLto DOWN.

%May620:11:00:4262021 Router IFNET/3/PHYUPDOWN:-MDC=l;Physical state on the interface Ten-GigabitEthernet3/1/3.26 changed to down.

%May 6 20:11:00:429 2021 Router IFNET/3/PHY_UPDOWN:-MDC=1;Physical state on the interface Ten-GigabitEthernet3/1/3 changed to down.

%May 620:11:00:430 2021 Router IFNET/4/LINK_UPDOWN: -MDC=1:Line protocol state on the interface Ten-GigabitEthernet3/1/3.26 changed to down.

%May 620:11:00:4302021 Router IFNET/4/LINKUPDOWN:-MDC=1:Lineprotocol stateon the interfaceTen-GigabitEthernet3/1/3changed todown

查看设备流量状态，辅助设备切换为主用设备，流量切换到辅助设备转发。

（4）重新上线被测设备。

[Router-Ten-GigabitEthernet3/1/7]undo shutdown

[Router-Ten-GigabitEthernet3/1/7]%May620:16:24:5902021CR16018-FAIFNET/3/PHY_ UPDOWN: -MDC=1Physical state on the interface Ten-GigabitEthernet3/1/7 changed to up.

%May 6 20:16:24:591 2021 Router IFNET/4/LINK_UPDOWN:-MDC=1;Line protocol state on the interface Ten-GigabitEthernet3/1/7 changed to up.

%May 6 20:16:24:591 2021 Router IFNET/3/PHY_UPDOWN:-MDC=1;Physical state on the interface Ten-GigabitEthernet3/1/7.27changed to up.

%May 6 20:16:24:592 2021 Router IFNET/4/LINK_UPDOWN:-MDC=l;Line protocolstate on theinterface Ten-GigabitEthernet3/1/7.27changed to up.

%May 620:16:26:129 2021 Router LLDP/6/LLDP CREATE NEIGHBOR:-MDC=1-Slot=3;

Nearest bridgeagent neighbor created on port Ten-GigabitEthernet3/1/7 (IfIndex583),neighbors chassis ID is 0011-4a55-0000,port ID is Ten-GigabitEthernet0/2/9.

May 620:16:30:146 2021 Router OSPF/3/OSPF_NBR_CHG:-MDC=1;OSPF1 Neighbo27. 1.1.1(Ten-GigabitEthernet3/1/7.27) changed from LOADING to FULL

（5）被测设备恢复正常运行后，数据流量恢复从被测设备转发。

数据网络测试仪在整个过程中流量不中断，如图 3-5 所示。

图3-5　数据流量恢复从被测设备转发，流量不中断

2. 设备冗余和自动切换功能（部件冗余）

路由器、交换机常见的支持冗余功能的关键部件包括主控板卡、业务板卡、交换网板、电源、风扇等。

测试设备部件冗余功能，需对被测设备关键部件配置冗余，并准备一台数据网络测试仪，按测试环境 1 搭建好测试环境，由数据网络测试仪两对端口发送双向背景流量，如图 3-6 所示。

图3-6　双向背景流量

（1）对被测设备主控板卡配置冗余。

```
========================================================
Card Summary
========================================================
Slot    Provisioned Type              Admin Operationa  Comments
        Equipped Type(if different)   State State
--------------------------------------------------------
2       xxx-x20                       up   up
```

```
A       xxx-x20                          up    up/active
B       xxx-x20                          up    up/standby
===========================================================
```

拔出一块主控板卡，设备可以正常工作。

```
===========================================================
Card Summary
===========================================================
Slot    Provisioned Type                 Admin Operationa   Comments
        Equipped Type(if different)      State  State
-----------------------------------------------------------
2       xxx-x20                          up    up
A       xxx-x20                          up    up/standby
        (not equipped)
B       xxx-x20                          up    up/active
===========================================================
```

（2）对被测设备的业务板卡配置冗余，拔出一块业务板卡，设备可以正常工作。

（3）对被测设备的交换网板、风扇、电源等的冗余测试也采用类似的方法进行。

（4）数据网络测试仪在整个过程中流量不中断，如图 3-7 所示。

图3-7　流量不中断

第6节　　热插拔功能

检测方法

该检测项包括如下内容。

1. 安全要求

部分关键部件（如主控板卡、交换网板、业务板卡、电源、风扇等）应支持热插拔功能。

2. 预置条件

（1）按测试环境 1 搭建好测试环境。

（2）被测设备关键部件正常运行。

3. 检测步骤

（1）配置被测设备正常工作，数据网络测试仪发出背景流量。

（2）拔掉处于运行状态的关键部件，如主控板卡、交换网板（无背景流量）、业务板卡（无背景流量）、电源、风扇，观察被测设备的工作状态。

（3）重新插上拔掉的关键部件，观察被测设备的工作状态。

4. 预期结果

在检测步骤（2）和步骤（3）中，流量不中断，设备支持热插拔功能，重新插入的关键部件在一段时间后恢复正常运行。

第 7 节　备份与恢复功能

一、检测方法

该检测项包括如下内容。

1. 安全要求

被测设备支持对预装软件、配置文件的备份与恢复功能，使用恢复功能时支持对预装软件、配置文件的完整性检查。

2. 预置条件

按测试环境 1 搭建好测试环境。

3. 检测步骤

（1）配置被测设备正常工作。

（2）将预装软件、配置文件分别备份到被测设备之外的存储介质上。

（3）清空或重置设备配置，保存并重启。

（4）将预装软件从存储介质上恢复到被测设备上并重启被测设备，查看被测设备是否能够以预装软件启动，并恢复到正常工作状态。

（5）将配置文件从存储介质上恢复到被测设备上，查看被测设备配置是否恢复到备份前的工作状态。

（6）修改存储介质上备份的预装软件和配置文件，并重复检测方法步骤（3）～步骤（5）。

4. 预期结果

（1）在检测步骤（2）中，预装软件和配置文件备份成功。

（2）在检测步骤（4）中，恢复的预装软件工作正常。

（3）在检测步骤（5）中，设备配置与备份前一致。

（4）在检测步骤（6）中，设备能够检测到软件和配置已被修改，且不能成功恢复到备份前的工作状态。

二、检测实施过程要点

（1）检查备份前被测设备上的预装软件和配置文件，如图 3-8 所示。

```
<dir
Directory of flash:
   0 -rw-    25110744 Mar 04 2021 02:45:24            .bin
   1 -rw-   218046464 Mar 04 2021 02:50:35            .ipe
   2 -rw-   192919582 Mar 04 2021 00:51:11            .bin
   3 drw-           - Nov 26 2019 19:01:37  diagfile
   4 -rw-        6256 Jul 13 2020 03:01:50  dr2.cfg
   5 -rw-      165989 Jul 13 2020 03:01:50  dr2.mdb
   6 -rw-        1009 Mar 04 2021 02:43:54  ifindex.dat
   7 -rw-           0 Mar 03 2021 09:18:30  lauth.dat
   8 drw-           - Jun 03 2020 09:14:05  license
   9 drw-           - Nov 26 2019 19:01:37  logfile
  10 drw-           - Mar 03 2021 09:18:33  pki
  11 drw-           - Nov 26 2019 19:01:37  seclog
  12 -rw-        2521 Jun 03 2020 10:08:18  startup.cfg
  13 -rw-      123910 Jun 03 2020 10:08:18  startup.mdb
  14 drw-           - Nov 26 2019 19:01:37  tracefile
  15 drw-           - Mar 02 2021 07:23:54  versionInfo

1048576 KB total (601776 KB free)
```

图3-8　预装软件和配置文件

检查被测设备上的配置文件内容，如图 3-9 所示。

图3-9　配置文件内容

（2）将预装软件、配置文件分别备份到存储介质上，如图 3-10 和图 3-11 所示。

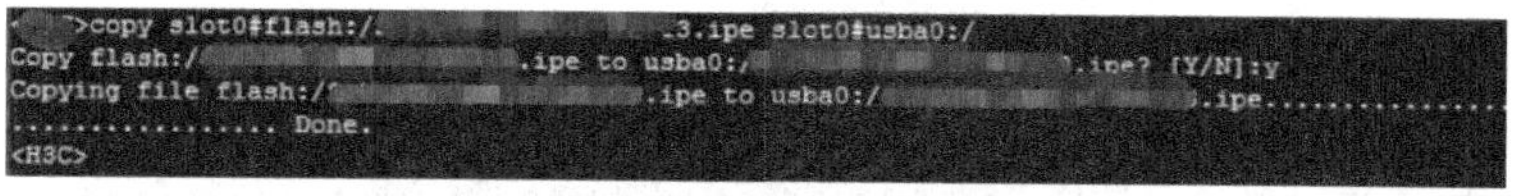

图3-10　备份预装软件

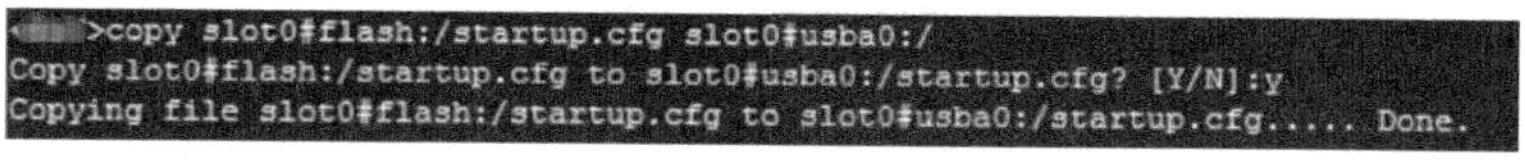

图3-11　备份配置文件

（3）清空设备上的预装软件和配置文件，如图 3-12 和图 3-13 所示，保存并重启被测设备。

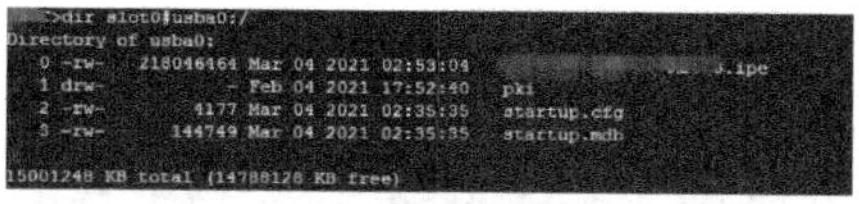

图3-12　清空预装软件

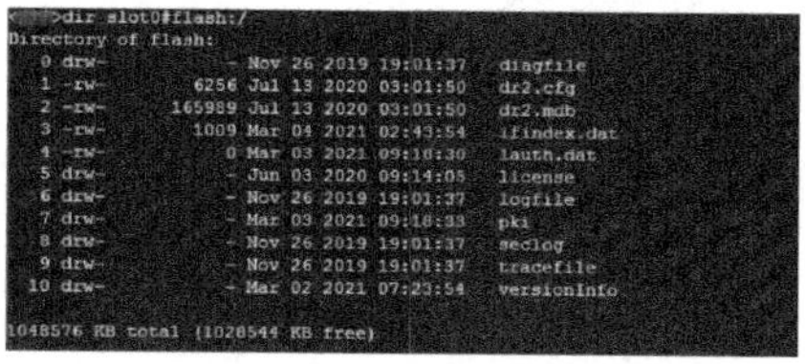

图3-13　清空配置文件

（4）将预装软件从存储介质上恢复到被测设备上，如图 3-14 所示。

图3-14　恢复预装软件

重启被测设备，如图 3-15 所示。

```
> reboot sl 0 f
A forced reboot might cause the storage medium to be corrupted. Continue? [Y/N]:y
Now rebooting, please wait...
%Mar  4 03:06:20:219 2021 H3C DEV/5/BOARD_REBOOT: -MDC=1; Board is rebooting on slot 0.

System is starting...
Press Ctrl+D to access BASIC-BOOTWARE MENU...
Press Ctrl+T to start memory test
```

图3-15　重启被测设备

被测设备以预装软件启动，并恢复到正常的工作状态。

将配置文件从存储介质上恢复到被测设备上，如图 3-16 所示。

```
      copy slot0#usba0:/startup.cfg slot0#flash:/
Copy usba0:/startup.cfg to flash:/startup.cfg? [Y/N]:y
Copying file usba0:/startup.cfg to flash:/startup.cfg.... Done.
```

图3-16　恢复配置文件

查看被测设备的配置，应与备份前一致。

（5）修改存储介质上备份的预装软件后，不能用修改后的软件启动设备。

（6）修改存储介质上备份的配置文件并重启被测设备后，不能恢复备份前的工作状态。

第8节　故障隔离与告警功能

检测方法

该检测项包括如下内容。

1. 安全要求

（1）被测设备支持主控板卡、交换网板、业务板卡、电源、风扇等部分关键部件的故障隔离功能。

（2）被测设备支持异常状态检测，可产生相关错误提示信息，支持故障的告警、定位等功能。

2. 预置条件

按测试环境 1 搭建好测试环境。

3. 检测步骤

（1）数据网络测试仪发出背景流量。

（2）分别拔掉或关闭处于运行状态的关键部件（如主控板卡、交换网板、业务板卡、电源和风扇等），等待一段时间并观察被测设备的工作状态以及是否有故障告警、定位的信息。

4. 预期结果

（1）被测试设备支持部分关键部件的故障隔离功能，相互独立的模块或者部件中的任意一个模块或部件出现故障，不影响其他模块或部件的正常工作。

（2）被测设备支持识别异常状态，可产生相关错误提示信息，提供故障的告警、定位等功能。

第 9 节　　独立管理接口功能

检测方法

该检测项包括如下内容。

1. 安全要求

被测设备应提供独立的管理接口，可实现设备管理和数据转发的隔离。

2. 预置条件

按测试环境 1 搭建好测试环境。

3. 检测步骤

（1）检查被测设备是否有独立的管理接口，并确认管理接口是否能够正常使用。

（2）从管理接口向业务接口发送测试数据。

（3）从业务接口向管理接口发送测试数据。

4. 预期结果

（1）在检测步骤（1）中，被测设备具备独立的管理接口且可以正常使用。

（2）在检测步骤（2）和步骤（3）中，管理和业务接口相互隔离，测试数据转发不成功。

第 10 节　漏洞扫描

一、检测方法

该检测项包括如下内容。

1. 安全要求

不应存在已公布的漏洞或具备补救措施防范漏洞安全风险。

2. 预置条件

（1）按测试环境 1 搭建好测试环境。

（2）厂商提供具有管理员权限的账号，用于登录被测设备的操作系统。

（3）按照产品说明书进行初始配置，并启用相关的协议和服务。

（4）扫描所使用的工具及其知识库需使用最新版本。

3. 检测步骤

典型的漏洞扫描方式包括系统漏洞扫描、Web 应用漏洞扫描等，扫描应覆盖具有网络通信功能的各类接口。

（1）系统漏洞扫描

利用系统漏洞扫描工具，通过具有网络通信功能的各类接口分别对被测设备系统进行扫描（包含登录扫描和非登录扫描两种方式，优先使用登录扫描方式），查看扫描结果。

（2）Web 应用漏洞扫描（设备不支持 Web 功能时不适用）

利用 Web 应用漏洞扫描工具对支持 Web 应用的网络接口进行扫描（包含登录扫描和非登录扫描两种方式，优先使用登录扫描方式），查看扫描结果。

（3）对于通过以上扫描发现的安全漏洞，检查是否具备补救措施。

4. 预期结果

分析扫描结果，没有发现安全漏洞，或者分析扫描结果发现了安全漏洞，针对发现的漏洞具备相应的补救措施。

二、检测实施过程要点

1. 系统漏洞扫描

识别路由器设备存在的各类接口，例如网络管理接口、业务接口等，确保利用工具进行漏洞扫描时全面覆盖各类接口。

在漏洞扫描方式上，一般来说，登录扫描相较于非登录扫描具有更高的识别率和准确率，但没有证据表明登录扫描结果与非登录扫描结果是全包含关系，因此标准中要求包含登录扫描和非登录扫描两种方式，优先使用登录扫描方式。在实际检测中，需先识别路由器设备的各类管理方式，确认是否支持登录设备后再进行漏洞扫描。在检测工作中做好登录扫描配置，确认配置后的工具能够正常登录设备，具有相应的管理权限，然后启动扫描。

从检测过程上看，标准要求每类接口都应进行登录扫描和非登录扫描。如果被测试的路由器设备既有网络管理接口，又有业务接口，那么系统漏洞扫描应执行 4 次扫描，即网络管理接口的登录扫描和非登录扫描，业务接口的登录扫描和非登录扫描。

2. Web 应用漏洞扫描

考虑到 Web 应用是漏洞高发组件，容易被攻击者利用，同时占用的计算资源也较多，因此列入网络关键设备的路由器一般不支持 Web 应用，但并不排除有例外情况，部分路由器设备支持 Web 应用功能。因此，在标准中特别指出设备不支持 Web 功能时不适用，也就是说如果设备不支持 Web 功能时，无须执行 Web 应用漏洞扫描这个测试项。

与系统漏洞扫描类似，Web 应用漏洞扫描也需要同时覆盖登录扫描和非登录扫描。

需要注意的是，Web 应用漏洞扫描一般建议使用专用的 Web 漏洞扫描工具，不建议使用通用的漏洞扫描工具进行扫描，主要原因是通用的漏洞扫描工具在 Web 组件适配能力、漏洞库规模等方面比专用的 Web 漏洞扫描工具要弱。

3. 漏洞扫描结果的判定

根据标准要求，被测设备应不存在已公布的漏洞或具备补救措施防范漏洞安全风险。

前述的漏洞扫描结果在结合国家漏洞平台的查询结果综合分析，可能出现三种情形：第一种是没有发现漏洞，可判定为通过；第二种是发现已公布的漏洞，但被测设备的生产企业提供了有效的补救措施，此情形也可判定为通过；第三种是发现已公布的漏洞，同时设备生产企业不具备有效的补救措施，此情形不能判定为通过。

需要注意的是，测试过程漏洞扫描工具报告的漏洞不一定都是漏洞，工具可能存在误报的情形。因此需要测试人员对扫描工具报告的漏洞进行分析和研判，确认是否存在误报情况。

第 11 节　　恶意程序扫描

检测方法

该检测项包括如下内容。

1. 安全要求

预装软件、补丁包 / 升级包不应存在恶意程序。

2. 预置条件

（1）按测试环境 1 搭建好测试环境。

（2）厂商提供具有管理员权限的账号，用于登录被测设备的操作系统。

（3）厂商提供测试所需的预装软件、补丁包 / 升级包。

（4）按照产品说明书进行初始配置，并启用相关的协议和服务，准备开始扫描。

（5）扫描所使用的工具应是最新版本。

3. 检测步骤

使用至少两种恶意程序扫描工具对被测设备的预装软件、补丁包 / 升级包进行扫描，查看是否存在恶意程序。

4. 预期结果

被测设备的预装软件、补丁包 / 升级包不存在恶意程序。

第 12 节　　设备功能和访问接口声明

检测方法

该检测项包括如下内容。

1. 安全要求

不应存在未声明的功能和访问接口（含远程调试接口）。

2. 预置条件

（1）厂商提供设备所支持的功能和访问接口清单。

（2）厂商提供具有管理员权限的账号。

（3）厂商说明中应明确不存在未声明的功能和访问接口。

3. 检测步骤

（1）使用具有管理员权限的账号登录被测设备，检查设备所支持的功能是否与文档描述一致。

（2）查看系统访问接口（含远程调试接口）是否与文档一致。

4. 预期结果

（1）被测设备支持的功能和访问接口（含远程调试接口）与文档描述一致。

（2）被测设备不存在未声明的功能和访问接口（含远程调试接口）。

第13节　　预装软件启动完整性校验功能

检测方法

该检测项包括如下内容。

1. 安全要求

软件启动时可通过数字签名技术验证预装软件包的完整性。

2. 预置条件

（1）按测试环境1搭建好测试环境。

（2）厂商在设备中预先安装软件包和数字签名。

3. 检测步骤

（1）修改预装软件的数字签名，重启设备。

（2）破坏预装软件的完整性，重启设备。

4. 预期结果

在检测步骤（1）和步骤（2）中，设备无法使用修改后的预装软件正常启动。

第 14 节　更新功能

检测方法

该检测项包括如下内容。

1. 安全要求

被测设备应支持设备预装软件更新功能，不应支持自动更新功能。

2. 预置条件

（1）按测试环境 1 搭建好测试环境。

（2）厂商提供被测设备预装软件。

（3）厂商提供用于更新的软件包。

3. 检测步骤

（1）检查预装软件是否可以进行更新。

（2）检查预装软件是否可以进行更新源（本地或远程）配置。

（3）检查预装软件更新是否在人工操作下进行更新。

（4）查阅设备功能说明材料，检查是否存在支持自动更新功能的说明。

4. 预期结果

（1）预装软件可更新。

（2）预装软件可配置更新源（本地或远程）。

（3）被测设备仅可在人工操作下进行更新，设备功能说明材料中不存在支持自动更新的说明。

第 15 节　　更新授权功能

检测方法

该检测项包括如下内容。

1. 安全要求

对于更新操作，应仅限于授权用户可以实施。

2. 预置条件

（1）按测试环境 1 搭建好测试环境。

（2）厂商提供被测设备分级的用户账号策略。

（3）厂商提供用户手册。

3. 检测步骤

（1）检查用户手册中是否有对不同级别账号配置及账号权限的描述。

（2）尝试配置不同级别的账号，应至少配置一个无更新权限的账号和一个具备更新权限的账号。

（3）尝试使用无更新权限的账号执行设备更新操作，查看结果。

（4）尝试使用具备更新权限的账号执行设备更新操作，查看结果。

4. 预期结果

（1）用户手册中有对不同级别账号配置及账号权限的描述。

（2）不同权限的账号配置成功。

（3）无更新权限的账号不能执行设备更新操作。

（4）具备更新权限的账号可以执行设备更新操作。

第 16 节　更新操作安全功能

检测方法

该检测项包括如下内容。

1. 安全要求

更新操作安全功能的安全要求见 GB 40050-2021 5.4 c）。

被测设备应具备保障软件更新操作安全的功能。

注： 保障软件更新操作安全的功能包括用户授权、更新操作确认、更新过程控制等。例如，仅指定授权用户可实施更新操作，实施更新操作的用户需经过二次鉴别，支持用户选择是否进行更新，对更新操作进行二次确认或延时生效等。

2. 预置条件

（1）按测试环境 1 搭建好测试环境。

（2）厂商提供用户手册。

3. 检测步骤

（1）检查被测设备是否支持通过用户授权的方式保障软件更新安全，只有授权用户能够执行更新操作，非授权用户不能执行更新操作。

（2）检查被测设备是否支持更新操作确认功能，确认的方式可包括：选择更新或不更新；通过二次鉴别的方式进行确认；对授权用户提示更新操作在特定时间段或特定操作之后才能生效，生效之前可撤销。

4. 预期结果

（1）只有授权用户能够执行更新操作，非授权用户不能执行更新操作。

（2）被测设备支持检测步骤（2）中的至少一种更新操作确认方式。

第 17 节　软件更新包完整性校验功能

检测方法

该检测项包括如下内容。

1. 安全要求

被测设备应支持软件更新包完整性校验。

2. 预置条件

（1）按测试环境 1 搭建好测试环境。

（2）厂商提供预装软件更新包、更新说明材料及数字签名。

（3）厂商提供签名验证的工具或指令。

3. 检测步骤

（1）检查厂商发布软件更新包时是否同时发布数字签名。

（2）使用工具或指令验证厂商提供的软件更新包，检查是否通过签名验证。

（3）修改厂商提供的预装软件更新包，使用工具或指令验证修改过的软件更新包，检查是否通过签名验证。

4. 预期结果

（1）软件更新包与数字签名一同发布。

（2）使用厂商提供的签名验证工具或指令对软件更新包进行签名验证。若软件更新包与数字签名不匹配，则验证不通过，输出错误信息；若软件更新包与数字签名匹配，则输出验证通过的信息。

第 18 节　更新失败恢复功能

检测方法

该检测项包括如下内容。

1. 安全要求

更新失败时，设备应能够恢复到更新前的正常工作状态。

2. 预置条件

（1）按测试环境 1 搭建好测试环境。

（2）厂商提供预装软件更新包及更新说明材料。

3. 检测步骤

（1）查看并记录被测设备的当前版本。

（2）使用厂商提供的软件更新包对被测设备进行更新操作，在更新过程中模拟异常，则更新过程失败。

（3）重启被测设备，查看被测设备运行状态及软件版本。

4. 预期结果

重启被测设备后，运行正常，软件版本为更新前的版本。

第 19 节　网络更新安全通道功能

检测方法

该检测项包括如下内容。

1. 安全要求

对于采用网络更新方式的被测设备，应支持非明文通道传输更新数据。

2. 预置条件

（1）按测试环境 1 搭建好测试环境。

（2）厂商提供的被测设备支持网络更新方式。

3. 检测步骤

（1）配置被测设备，开启网络更新方式，并尝试从网络获得更新包。

（2）在网络更新过程中抓取数据包，查看是否为非明文数据。

4. 预期结果

（1）被测设备可从网络中获取所需要的更新包。

（2）网络传输通道支持加密传输，数据包被加密，非明文传输。

第 20 节　　更新过程告知功能

检测方法

该检测项包括如下内容。

1. 安全要求

更新过程告知功能的安全要求见 GB 40050-2021 5.4 e）。

应有明确的信息告知用户软件更新过程的开始、结束及更新的内容。

2. 预置条件

（1）按测试环境 1 搭建好测试环境。

（2）厂商提供的被测设备有预装软件更新的能力。

3. 检测步骤

（1）检查被测设备是否对此次更新的内容进行了说明，可以通过文档或软件提示信息等方式进行说明。

（2）检查被测设备是否具备更新过程开始提示信息和更新过程结束提示信息。

4. 预期结果

（1）被测设备具备更新的内容说明。

（2）被测设备具备更新过程开始提示信息和更新过程结束提示信息。

第 21 节　更新源可用性

检测方法

该检测项包括如下内容。

1. 安全要求

被测设备应具备稳定可用的渠道提供软件更新源。

2. 预置条件

（1）按测试环境 1 搭建好测试环境。

（2）厂商提供设备预装软件更新包的更新源。

3. 检测步骤

（1）检查更新源是否可用，尝试从更新源获取软件更新包。

（2）对被测设备进行更新，检查更新结果。

4. 预期结果

（1）被测设备具备软件包更新源，可获得软件更新包。

（2）被测设备更新正常。

第 22 节　默认开放服务和端口

一、检测方法

该检测项包括如下内容。

1. 安全要求

（1）在默认状态下，被测设备应仅开启必要的服务和对应的端口，应明示所有默认开启的服务、对应的端口及用途，应支持用户关闭默认开启的服务和对应的端口。

（2）使用 Telnet、SNMPv1/v2c、HTTP（超文本传送协议）等明文传输协议的网络管理功能应默认关闭。

（3）对于存在较多版本的远程管理协议，应默认关闭安全性较低的版本，例如设备支持 SSH（安全外壳）时，应默认关闭 SSHv1。

2. 预置条件

（1）按测试环境 1 搭建好测试环境。

（2）设备以默认状态运行，默认状态为设备出厂设置时的配置状态。

（3）厂商提供所有默认开启的服务、对应的端口及用途、管理员权限账号的说明材料。

3. 检测步骤

（1）使用扫描工具对设备进行全端口扫描，查看在默认状态下开启的服务和对应的端口是否与厂商提供的说明材料内容一致、是否仅开启必要的服务和对应的端口。

（2）配置设备，关闭默认开启的端口和服务，使用扫描工具对设备再次进行扫描，查看扫描结果，检查默认开启的端口和服务是否被关闭。

（3）检查设备的配置，查看 Telnet、SNMPv1/v2c、HTTP 等明文传输协议的网络管理服务是否默认关闭。

（4）检查设备支持的远程管理协议，对于存在较多版本的远程管理协议，是否默认关闭安全性较低的版本，例如设备支持 SSH 时，是否默认关闭 SSHv1。

4. 预期结果

（1）在检测步骤（1）中，被测设备在默认状态下仅开启必要的服务和对应的端口，默认开启的服务和端口与厂商提供的说明材料内容一致。

（2）在检测步骤（2）中，用户可以自行关闭默认开启的服务和对应的端口。

（3）在检测步骤（3）中，使用 Telnet、SNMPv1/v2c、HTTP 等明文传输协议的网络管理功能默认关闭。

（4）在检测步骤（4）中，存在较多版本的远程管理协议，默认关闭安全性较低的版本。

二、检测实施过程要点

1. 确认开放端口说明材料

根据厂商提供的说明材料，确认路由器设备在默认状态下仅开启必要的服务和对应的端口。对于默认开启的所有服务，厂商应在说明材料中逐条说明服务对应的端口、用途等信息。

2. 默认状态下开放端口检测

首先需要确认被测设备状态处于出厂默认状态，然后再使用工具对被测设备的端口开放情况进行扫描。此处需要注意的是，需要确认扫描工具能够全面覆盖所有类型的服务端口，包括 TCP 的 1-65535 号端口和 UDP 的 1-65535 号端口。

3. 确认默认开放端口是否可以被关闭

通过修改设备配置对默认开放端口进行关闭操作，确认是否可以成功关闭。此处需要注意的是，如果仅挑选其中一部分端口测试确认可以关闭便认为符合标准要求是不严谨的，应对默认开放端口逐个进行测试，确认每个默认开放端口都可以被手动关闭，才能证明被测设备支持用户关闭默认开启的服务和对应的端口。

第 23 节　　开启非默认开放服务和端口

一、检测方法

该检测项包括如下内容。

1. 安全要求

非默认开放的端口和服务，应在用户知晓且同意后才可启用。

2. 预置条件

（1）按测试环境 1 搭建好测试环境。

（2）被测设备以默认状态运行，默认状态为设备出厂设置时的配置状态。

（3）厂商提供设备非默认开放端口和服务对应关系的说明材料。

（4）厂商提供说明材料，说明开启非默认开放端口和服务的配置方式，以及如何让用户知晓和同意开启非默认开放的端口和服务。

3. 检测步骤

按照厂商提供的说明材料配置设备，开启非默认开放的端口和服务，确认是否经过用户知晓且同意后才可启用。

4. 预期结果

非默认开放的端口和服务，应在用户知晓且同意后才可启用。

二、检测实施过程要点

检查被测设备开启非默认开放的端口和服务，确认是否经过用户知晓且同意后才可启用，以用户授权方式为例，对于非默认开放的端口和服务，只有具备权限的用户才可启用，如图 3-17 所示。

```
login: dd
Password:
******************************************************************************
* Copyright (c) 2004-2021                    ., Ltd. All rights reserved.*
* Without the owner's pri                                                  *
* no decompiling or reverse-engineering shall be allowed.                  *
******************************************************************************


    >
    >sys
System View: return to User View with Ctrl+Z.
     ftp server enable

    dis tcp
 *: TCP connection with authentication
 Local Addr:port       Foreign Addr:port      State       Slot  Cpu  PCB
 0.0.0.0:21            0.0.0.0:0              LISTEN      1     0    0xfffffffffffffff3
 0.0.0.0:22            0.0.0.0:0              LISTEN      1     0    0xfffffffffffffff1
 0.0.0.0:23            0.0.0.0:0              LISTEN      1     0    0xffffffffffffffee
 172.31.79.11:23       172.31.80.90:60550     ESTABLISHED 1     0    0xfffffffffffffff2
    ]
```

图3-17　授权用户可开启非默认开放的端口和服务

对于非默认开放的端口和服务，不具备权限的用户不能启用，如图 3-18 所示。

```
login: ff
Password:
******************************************************************************
* Copyright (c) 2004-2021                  s Co., Ltd. All rights reserved.*
* Without the ow   s       itten consent,                                  *
* no decompiling or reverse-engineering shall be allowed.                  *
******************************************************************************



<     sys
System View: return to User View with Ctrl+Z.
[18K]ftp serve enable
Permission denied.
```

图3-18　非授权用户不能开启非默认开放的端口和服务

第 24 节　大流量攻击防范能力

检测方法

该检测项包括如下内容。

1. 安全要求

被测设备应具备抵御目的为路由器自身的大流量攻击的能力，例如目的为路由器管理接口的 ICMPv4/v6 Ping request Flood 攻击、TCPv4/v6 SYN Flood 攻击等。

2. 预置条件

按测试环境 1 搭建好测试环境。

3. 检测步骤

（1）按测试环境连接被测设备，配置各接口的 IPv4/v6 地址。

（2）数据网络测试仪从端口 A 到端口 B 发送背景流量。

（3）从测试仪端口 C 向被测设备自身 IP 地址（如环回地址、管理接口地址）以端口线速分别发送 ICMPv4/v6 Ping request Flood 攻击、TCPv4/v6 SYN Flood 等攻击流量，攻击流量和背景流量总和不超过设备转发能力。

4. 预期结果

攻击对背景流量无影响，且设备运行状态（CPU、内存、告警等）正常。

第 25 节　　地址解析欺骗攻击防范能力

检测方法

该检测项包括如下内容。

1. 安全要求

被测设备应支持防范 ARP（地址解析协议）/ND（邻居发现）欺骗攻击的功能，如通过 MAC（介质访问地址）绑定等功能实现。

2. 预置条件

（1）按测试环境 1 搭建好测试环境。

（2）配置被测设备的防范 ARP/ND 欺骗攻击的功能。

3. 检测步骤

（1）按测试环境连接被测设备，配置各个接口的 IPv4/v6 地址。

（2）数据网络测试仪接口 A 和接口 B 发送各自的 ARP/ND 消息。

（3）从数据网络测试仪接口 B 向数据网络测试仪接口 A（IP_A/IPv6_A）发送数据流。

（4）数据网络测试仪接口 C 发送 ARP/ND 欺骗报文，即 ARP-reply/NA 包中声称 IP_A/IPv6_A 对应的 MAC 地址为 MAC_C。

（5）从数据网络测试仪接口 B 向主机 A（IP_A/IPv6_A）发送 IP 数据。

4. 预期结果

（1）在检测步骤（3）中，数据网络测试仪端口 A 收到数据网络测试仪端口 B 发送的 IP 数据流。

（2）在检测步骤（5）中，数据网络测试仪端口 A 收到数据网络测试仪端口 B 发送的 IP 数据流，数据网络测试仪端口 C 收不到该数据流。

第 26 节　用户凭证猜解攻击防范能力

一、检测方法

该检测项包括如下内容。

1. 安全要求

被测设备应支持连续的非法登录尝试次数限制或其他安全策略，以防范用户凭证猜解进行攻击。

2. 预置条件

按测试环境 1 搭建好测试环境。

3. 检测步骤

（1）配置被测设备的最多非法登录尝试次数为 N。

（2）针对不同管理方式 [包括且不限于 Telnet、SSH、SNMP（简单网络管理协议）等] 分别使用不同的账户登录被测设备，连续 M（$M>N$）次输入错误的鉴别信息，检查设备的状态。

4. 预期结果

（1）在检测步骤（1）中，配置成功，被测设备支持配置非法登录尝试的次数。

（2）在检测步骤（2）中，经过 N 次鉴别失败以后，被测设备应通过锁定账号、中断连接、锁定登录界面或其他限制措施来防止用户凭证猜解进行攻击。

二、检测实施过程要点

配置用户鉴别信息猜解攻击防范功能，以限制连续的非法登录尝试次数为例，配置被测设备的非法登录尝试次数为 2，超过次数后禁止登录 1min，确认是否可以成功配置。

```
<Router>dis th | inc pass
 password-recovery enable
password-control enable
password-control login-attempt 2exceed lock-time 1
```

登录被测设备，以 SSH 登录方式为例，连续 2 次输入错误的登录口令，查看设备状态，确认是否显示该用户被加入黑名单。

```
<Router>ssh192.168.24.119
Username : admin
Press CTRL+C to abort.
Connecting to 192.168.24.119 port 22.
admin@192.168.24.119's password:
```

admin@192.168.24.119's password: %Apr 29 14:47:32:652 2021 Router PWDCTL/6/P
WDCTL ADD BLACKLIST: -MDC=1; admin was added to the blacklist for failed login attempts.
%Apr 29 14:47:32:692 2021 Router SSHS/6/SSHS_LOG: -MDC=1; Authentication failed for admin
from 192.168.24.119 port 22087 because of invalid username or wrong password.
*admin@192.168.24.119's password: %Apr 29 14:47:35:240 2021 Router PWDCTL/6/PWDCTL_*
ADD_BLACKLIST: -MDC=1; admin was added to the blacklist for failed login attempts.
%Apr 29 14:47:35:291 2021 Router SSHS/6/SSHS_LOG: -MDC=1; Authentication failed for admin
from 192.168.24.119 port 22087 because of invalid username or wrong password.
<Router>%Apr 29 14:47:41:263 2021 Router PWDCTL/6/PWDCTL_ADD_BLACKLIST:
-MDC=1; admin was added to the blacklist for failed login attempts.
%Apr 29 14:47:41:291 2021 Router SSHS/6/SSHS_LOG: -MDC=1; Authentication failed for admin
from 192.168.24.119 port 22087 because of invalid username or wrong password.
%Apr 29 14:47:41:292 2021 Router SSHS/6/SSHS_AUTH_EXCEED_RETRY_TIMES: -MDC=1
; SSH user admin (IP: 192.168.24.119) failed to log in, because the number of authentication
attempts exceeded the upper limit.
%Apr 29 14:47:41:292 2021 Router SSHS/6/SSHS_LOG: -MDC=1; Disconnecting: Too many
authentication failures for admin.
%Apr 29 14:47:41:298 2021 Router SSHS/6/SSHS_DISCONNECT: -MDC=1; SSH user admin (IP:
192.168.24.119) disconnected from the server.
<Router >dis password-control blacklist
Blacklist items matched: 1.

Username	*IP address*	*Login failures*	*Lock flag*
admin	*192.168.24.119*	*3*	*lock*

当出现鉴别失败时，检查被测设备是否提供无差别反馈，使用正确的账号及错误的口令登录设备，返回结果如图 3-19 所示。

图3-19　使用正确的账号及错误的口令登录

使用错误的账号登录设备，与使用正确的账号及错误的口令登录设备返回的结果相同，返回结果如图 3-20 所示。

```
Press ENTER to get started.
login: administrator
Password:
login: test123
Password:
login: user123
Password:
Login failed.
```

图3-20　使用错误的账号登录

第27节　用户会话连接限制功能

检测方法

1. 安全要求

被测设备应支持限制用户会话连接的数量，以防范资源消耗类拒绝服务攻击。

2. 预置条件

按测试环境1搭建好测试环境。

3. 检测步骤

（1）配置被测设备用户会话连接数量最大连接数为 N。

（2）针对不同的管理方式（包括且不限于 Telnet、SSH 等）分别尝试建立 M（$M>N$）个会话连接，检查被测设备会话连接建立情况。

4. 预期结果

（1）在检测步骤（1）中，配置成功，被测设备支持限制用户会话连接的数量。

（2）在检测步骤（2）中，建立 N 个会话连接以后，无法再建立新的会话连接。

第 28 节　Web 管理功能安全测试

检测方法

该检测项包括如下内容。

1. 安全要求

在支持 Web 管理功能时，被测设备应具备抵御常见 Web 攻击的能力，例如注入攻击、重放攻击、权限绕过攻击、非法文件上传等。

2. 预置条件

按测试环境 1 搭建好测试环境。

3. 检测步骤

（1）配置被测设备的 Web 管理功能。

（2）在被测设备输入框和参数链接处等潜在注入漏洞点尝试进行测试，检查是否存在漏洞。

（3）在被测设备输入框和参数链接处等潜在跨站漏洞点尝试进行测试，检查是否存在漏洞。

（4）在被测设备参数交互点尝试通过命令执行漏洞攻击，检查是否存在漏洞。

（5）登录被测设备，抓取并保存登录报文，退出登录后重新发送保存的登录报文，查看登录情况。

（6）登录被测设备，进行修改口令、下载配置文件等操作，抓取并保存操作报文，退出登录后重新发送保存的操作报文，查看操作的可行性。

（7）非授权用户尝试执行修改其他用户口令、删除日志等操作，检查操作是否成功。

（8）在被测设备文件上传位置上传恶意文件，查看是否上传成功。

4. 预期结果

（1）在检测步骤（2）～步骤（4）中，未发现漏洞。

（2）在检测步骤（5）～步骤（6）中，登录失败。

（3）在检测步骤（7）中，操作失败。

（4）在检测步骤（8）中，恶意文件上传失败。

第 29 节 　 SNMP 管理功能安全测试

检测方法

该检测项包括如下内容。

1. 安全要求

在支持 SNMP 管理功能时，被测设备应具备抵御常见攻击的能力，例如权限绕过、信息泄露等。

2. 预置条件

按测试环境 1 搭建好测试环境。

3. 检测步骤

（1）配置被测设备的 SNMP 功能。

（2）对被测设备进行 SNMP 漏洞扫描。

（3）使用不具备权限的用户账号尝试获取未授权访问的节点信息（如账户名、口令等），验证是否可利用获取的信息进行非授权访问和攻击。

4. 预期结果

（1）在检测步骤（2）中，未发现已知漏洞或具备有效措施防范漏洞安全风险。

（2）无法获取敏感信息或无法利用获取的信息实施非授权访问和攻击。

第 30 节　　SSH 管理功能安全测试

检测方法

该检测项包括如下内容。

1. 安全要求

在支持 SSH 管理功能时，被测设备应具备抵御常见攻击的能力，例如权限绕过、拒绝服务攻击等。

2. 预置条件

按测试环境 1 搭建好测试环境。

3. 检测步骤

（1）配置被测设备的 SSH 功能。

（2）对被测设备进行 SSH 漏洞扫描。

（3）输入空用户名、空口令、超长口令及带有特殊字符的用户名和口令，尝试 SSH 登录，查看登录结果。

（4）使用低权限的用户账号尝试未授权的操作。

（5）发送背景流量，然后使用数据网络测试仪向设备（如环回地址、管理接口地址）发起超量的 SSH 连接请求，观察设备状态与背景流量。

4. 预期结果

（1）在检测步骤（2）中，未发现已知漏洞或具备有效措施防范漏洞安全风险。

（2）在检测步骤（3）中，登录失败。

（3）在检测步骤（4）中，操作失败。

（4）在被测设备上未成功建立超量的 SSH 连接，攻击对背景流量无影响，设备运行状态（CPU、内存、告警等）正常。

第 31 节　Telnet 管理功能安全测试

检测方法

该检测项包括如下内容。

1. 安全要求

在支持 Telnet 管理功能时，被测设备应具备抵御常见攻击的能力，例如权限绕过、拒绝服务攻击等。

2. 预置条件

按测试环境 1 搭建好测试环境。

3. 检测步骤

（1）配置被测设备的 Telnet 功能。

（2）对被测设备进行 Telnet 漏洞扫描。

（3）输入空用户名、空口令、超长口令及带有特殊字符的用户名和口令，尝试 Telnet 登录，查看登录结果。

（4）使用低权限用户信息尝试未授权的操作。

（5）发送背景流量，然后使用数据网络测试仪向设备（如环回地址、管理接口地址）发起超量的 Telnet 连接请求，观察设备状态与背景流量。

4. 预期结果

（1）在检测步骤（2）中，未发现已知漏洞或具备有效措施防范漏洞安全风险。

（2）在检测步骤（3）中，登录失败。

（3）在检测步骤（4）中，操作失败。

（4）在被测设备上未成功建立超量的 Telnet 连接，攻击对背景流量无影响，设备运行状态（CPU、内存、告警等）正常。

第 32 节　　NETCONF 管理功能安全测试

检测方法

该检测项包括如下内容。

1. 安全要求

在支持 NETCONF 管理功能时，被测设备应具备抵御常见攻击的能力，例如权限绕过、拒绝服务攻击等。

2. 预置条件

按测试环境 1 搭建好测试环境。

3. 检测步骤

（1）配置被测设备的 NETCONF 功能。

（2）对被测设备进行 NETCONF 漏洞扫描。

（3）输入空用户名、空口令、超长口令及带有特殊字符的用户名和口令，尝试 NETCONF 登录，查看登录结果。

（4）使用低权限用户信息尝试未授权的操作。

（5）发送背景流量，然后使用数据网络测试仪向设备环回地址和管理接口地址发起超量的 NETCONF 连接请求（包括正常的请求与畸形的请求），观察设备状态与背景流量。

4. 预期结果

（1）在检测步骤（2）中，未发现已知漏洞或具备有效措施防范漏洞安全风险。

（2）在检测步骤（3）中，登录失败。

（3）在检测步骤（4）中，操作失败。

（4）被测设备应丢弃超量的连接请求，攻击对背景流量无影响，且设备运行状态（CPU、内存、告警等）正常。

第 33 节　　FTP 管理功能安全测试

检测方法

该检测项包括如下内容。

1. 安全要求

在支持 FTP（文件传送协议）时，被测设备应具备抵御常见攻击的能力，例如目录遍历、权限绕过等。

2. 预置条件

按测试环境 1 搭建好测试环境。

3. 检测步骤

（1）配置被测设备的 FTP 功能。

（2）对被测设备进行 FTP 漏洞扫描。

（3）使用匿名方式登录 FTP，查看登录情况。

（4）输入空用户名、空口令、超长口令及带有特殊字符的用户名和口令，尝试登录 FTP，查看登录结果。

（5）查看 FTP 用户目录权限配置，尝试非授权访问目录。

（6）尝试执行目录遍历攻击。

4. 预期结果

（1）在检测步骤（2）中，未发现已知漏洞或具备有效措施防范漏洞安全风险。

（2）在检测步骤（3）中，登录失败。

（3）在检测步骤（4）中，登录失败且被测设备无异常。

（4）在检测步骤（5）中，用户仅有访问该用户目录的权限，无法访问其他用户的目录。

（5）在检测步骤（6）中，目录遍历攻击失败。

第 34 节　　SFTP 管理功能安全测试

检测方法

该检测项包括如下内容。

1. 安全要求

在支持 SFTP（安全文件传输协议）功能时，被测设备应具备抵御常见攻击的能力，例如目录遍历、权限绕过等。

2. 预置条件

按测试环境 1 搭建好测试环境。

3. 检测步骤

（1）配置被测设备的 SFTP 功能。

（2）对被测设备进行 SFTP 漏洞扫描。

（3）使用匿名方式登录 SFTP，查看登录情况。

（4）输入空用户名、空口令、超长口令及带有特殊字符的用户名和口令，尝试登录 SFTP，查看登录情况。

（5）对 SFTP 进行权限检测，查看用户目录权限配置。

（6）检查被测设备是否支持用户口令的非明文保存。

4. 预期结果

（1）在检测步骤（2）中，未发现已知漏洞或具备有效措施防范漏洞安全风险。

（2）在检测步骤（3）中，登录失败。

（3）在检测步骤（4）中，登录失败且设备无异常。

（4）在检测步骤（5）中，用户仅有访问该用户目录的权限。

（5）在检测步骤（6）中，被测设备支持加密保存用户口令。

第 35 节　　DHCP 管理功能安全测试

检测方法

该检测项包括如下内容。

1. 安全要求

在支持 DHCP（动态主机配置协议）功能时，被测设备应具备防范 DHCP 拒绝服务攻击等能力。

2. 预置条件

按测试环境 1 搭建好测试环境。

3. 检测步骤

（1）配置被测设备的 DHCP 功能。

（2）对被测设备进行 DHCP 漏洞扫描。

（3）发送背景流量，然后使用数据网络测试仪向被测设备环回地址和管理接口地址发起超量的 DHCP 连接请求（包括正常的请求与畸形的请求），观察设备状态与背景流量。

4. 预期结果

（1）在检测步骤（2）中，未发现已知漏洞或具备有效措施防范漏洞安全风险。

（2）在检测步骤（3）中，被测设备应丢弃超量的连接请求，攻击对背景流量无影响，且设备运行状态（CPU、内存、告警等）正常。

第 36 节　身份标识和鉴别功能

检测方法

该检测项包括如下内容。

1. 安全要求

被测设备应不存在未向用户公开的身份鉴别信息。

2. 预置条件

（1）按测试环境 1 搭建好测试环境。

（2）厂商提供所有存在的身份鉴别信息，即默认用户名和口令。

（3）厂商提供所有的管理方式（登录所采用的通信协议）信息。

（4）厂商提供不存在未向用户公开的身份鉴别信息的声明。

3. 检测步骤

（1）使用具有管理员权限的账号登录被测设备。

（2）检查系统默认账号与文档描述是否一致。

（3）检查所有账号的权限是否和厂商提供的文档描述一致。

（4）检查厂商提供的所有用户名和口令是否能成功登录被测设备。

4. 预期结果

（1）系统默认账号与文档描述一致。

（2）所有账号的权限和厂商提供的文档描述一致。

（3）厂商提供的所有用户名和口令能成功登录被测设备。

（4）厂商提供不存在未向用户公开的身份鉴别信息的声明。

第 37 节　　口令安全——默认口令、口令生存周期

检测方法

该检测项包括如下内容。

1. 安全要求

使用口令鉴别方式时，被测设备应支持首次管理设备时强制修改默认口令或设置口令，或支持随机初始口令，支持设置口令生存周期。

2. 预置条件

（1）按测试环境 1 搭建好测试环境。

（2）厂商提供口令鉴别方式相关的说明文档，包括但不限于默认设备管理方式、默认口令、口令生存周期等内容。

（3）被测设备处于出厂默认配置状态。

3. 检测步骤

（1）若被测设备存在默认口令，则使用默认账号登录被测设备，检查被测设备是否强制修改默认口令或使用随机的初始口令；若被测设备不存在默认口令，则检查是否强制设置口令。

（2）检查被测设备是否支持设置口令生存周期。

4. 预期结果

首次管理关键设备时，系统提示强制修改默认口令或者设置口令，或支持随机的初始口令，支持设置口令生存周期。

第 38 节　　口令安全——口令复杂度、口令显示

检测方法

该检测项包括如下内容。

1. 安全要求

（1）使用口令鉴别方式时，支持口令复杂度检查功能，开启口令复杂度检查功能时，应支持检查口令长度不少于 8 位，且至少包含 2 种不同类型字符。

（2）使用口令鉴别方式时，不应明文回显用户输入的口令信息。

2. 预置条件

（1）按测试环境 1 搭建好测试环境。

（2）厂商提供口令鉴别方式相关的说明文档，包括不限于口令复杂度、口令保护、设备管理方式等内容。

3. 检测步骤

（1）开启口令复杂度检查功能时，配置或确认口令复杂度的要求。

（2）按照厂商提供的设备管理方式信息，创建不同管理方式的新账号，配置符合口令复杂度要求的账号，并使用新创建的账号以不同的管理方式登录被测设备，检查在登录过程中是否明文回显输入的口令信息以及是否能够成功登录设备。

（3）按照厂商提供的设备管理方式信息，创建不同管理方式的新账号，配置不符合口令复杂度要求的账号，检查配置结果。

4. 预期结果

（1）在检测步骤（1）中，被测设备支持口令复杂度要求长度不少于8位，且至少包含2种不同类型的字符，常见的字符类型包括数字、大小写字母、特殊字符等。

（2）在检测步骤（2）中，创建新账号成功，在以各种管理方式登录设备的过程中没有明文回显输入的口令信息，且登录成功。

（3）在检测步骤（3）中，创建新账号失败，无法创建口令不满足复杂度要求的账号。

第39节　会话空闲时间过长防范功能

检测方法

该检测项包括如下内容。

1. 安全要求

会话空闲时间过长防范功能安全要求见 GB 40050-2021 5.5 e）。

被测设备应支持启用安全策略或具备安全功能，以防止用户登录设备后会话空闲时间过长。

注：常见的防止用户登录设备后会话空闲时间过长的安全策略或安全功能包括登录用户空闲超时后自动退出等。

2. 预置条件

（1）按测试环境1搭建好测试环境。

（2）厂商提供会话空闲超时控制策略、相关的配置及设备管理方式的说明。

3. 检测步骤

（1）配置或确认会话空闲时长。

（2）按照厂商提供的设备管理方式信息，以不同的管理方式登录被测设备，检查登录设备后空闲时间达到设定值或默认值时是否会锁定或者自动退出。

4. 预期结果

（1）配置成功或者已存在默认的会话空闲时长，并记录会话空闲时长值。

（2）登录设备后空闲时间达到设定值或默认值时会锁定或者自动退出。

第 40 节　　鉴别失败处理功能

检测方法

该检测项包括如下内容。

1. 安全要求

鉴别失败时，被测设备应返回最少且无差别信息。

2. 预置条件

（1）按测试环境 1 搭建好测试环境。

（2）厂商提供所有默认账号信息及设备管理方式的说明。

3. 检测步骤

（1）按照厂商提供的设备管理方式信息，以不同的管理方式，使用正确的账号（包括默认账号或新建账号）及错误的口令登录，检查返回结果。

（2）按照厂商提供的设备管理方式信息，以不同的管理方式，使用错误的账号（包括默认账号或新建账号）登录，检查返回结果。

4. 预期结果

检测步骤（1）和步骤（2）返回的结果无差别，且没有其他鉴别失败原因的提示。

第41节　身份鉴别信息安全保护功能

检测方法

该检测项包括如下内容。

1. 安全要求

应对用户身份鉴别信息进行安全保护，保障用户鉴别信息存储的保密性，以及在传输过程中的保密性和完整性。

2. 预置条件

（1）按测试环境1搭建好测试环境。

（2）厂商提供所有身份鉴别信息的安全存储、安全传输操作说明。

3. 检测步骤

（1）按照厂商提供的说明材料生成用户身份鉴别信息，查看是否以加密方式存储。

（2）按照厂商提供的说明材料生成并传输用户身份鉴别信息，通过抓包或其他有效的方式查看是否具备保密性和完整性保护能力。

4. 预期结果

（1）用户身份鉴别信息能以加密方式存储。

（2）被测设备具备保障用户身份鉴别信息保密性和完整性的能力。

第 42 节　用户权限管理功能

检测方法

该检测项包括如下内容。

1. 安全要求

用户权限管理功能安全要求见 GB 40050-2021 5.6 d）。

应提供用户分级、分权控制机制。对涉及设备安全的重要功能，仅授权的高权限等级用户可以使用。

注：常见的涉及设备安全的重要功能包括补丁管理、固件管理、日志审计、时间同步等。

2. 预置条件

（1）按测试环境 1 搭建好测试环境。

（2）厂商提供所有默认账号信息及设备管理方式的说明。

3. 检测步骤

（1）分别添加或使用不同权限等级的两个用户 user1、user2。

（2）为 user1 配置低等级权限，仅具有修改自己的口令、状态查询等权限，不支持配置系统信息，不支持涉及设备安全的重要功能如补丁管理、固件管理、日志审计、时间同步等权限。

（3）为 user2 配置高等级权限，具有涉及设备安全的重要功能如补丁管理、固件管理、日志审计、时间同步等权限。

（4）分别使用 user1、user2 登录设备，对设备进行修改自己的口令、状态查询、补丁管理、固件管理、日志审计、时间同步等配置或操作。

4. 预期结果

（1）在检测步骤（1）中成功添加两个用户。

（2）在检测步骤（4）中，user1 仅可修改自己的口令、进行状态查询等基本操作，不支持配置系统信息，不支持涉及设备安全的重要功能如补丁管理、固件管理、日志审计、时间同步等配置或操作；user2 支持涉及设备安全的重要功能如补丁管理、固件管理、日志审计、时间同步等配置或操作。

第 43 节　　访问控制列表功能

检测方法

该检测项包括如下内容。

1. 安全要求

被测设备应支持基于源 IPv4/v6 地址、目的 IPv4/v6 地址、源端口、目的端口、协议类型等的访问控制列表功能，支持基于源 MAC 地址的访问控制列表功能。

2. 预置条件

（1）按测试环境 1 搭建好测试环境。

（2）按厂商提供的设备登录管理方式登录设备。

（3）厂商提供关于访问控制功能的相关配置说明。

3. 检测步骤

（1）配置被测设备，在管理接口上分别配置并启用用户自定义 ACL（访问控制列表），ACL 可基于源 IPv4/v6 地址、源端口、协议类型、源 MAC 地址等进行过滤。

（2）配置被测设备，在业务接口上分别配置并启用用户自定义 ACL，ACL 可基于源 IPv4/v6 地址、目的 IPv4/v6 地址、源端口、目的端口、协议类型、源 MAC 地址等进行过滤。

（3）根据配置的 ACL，利用数据网络测试仪，发送命中和未命中 ACL 的数据流，查看 ACL 是否生效。

4. 预期结果

基于源 IPv4/v6 地址、目的 IPv4/v6 地址、源端口、目的端口、协议类型、源 MAC 地址的访问控制列表功能生效，命中 ACL 的数据流会被设备过滤，未命中 ACL 的数据流不会被设备过滤。

第 44 节　　会话过滤功能

检测方法

该检测项包括如下内容。

1. 安全要求

应支持对用户管理会话进行过滤，限制非授权用户访问和配置设备，例如通过访问控制列表功能限制可对设备进行管理（包括 Telnet、SSH、SNMP、Web 等管理方式）的用户 IPv4/v6 地址。

2. 预置条件

（1）按测试环境 1 搭建好测试环境。

（2）被测设备支持访问控制列表功能。

（3）用户具有管理员权限，可对 ACL 配置。

（4）使用系统默认用户账号或新增用户账号进行测试。

3. 检测步骤

（1）使用具有管理员权限的账号登录被测设备。

（2）在设备接口绑定 ACL 规则，ACL 规则配置为允许用户访问设备，此规则检查用户的 IP 地址（IPv4/v6）和会话使用的协议（包括 Telnet、SSH、SNMP、Web 等管理方式）。

（3）使用符合规则的 IP 地址和协议类型，检查用户是否能成功登录并管理设备。

（4）在设备接口绑定 ACL 规则，ACL 规则配置为不允许用户访问设备，通过此规则检查用户的 IP 地址（IPv4/v6）和会话使用的协议（包括 Telnet、SSH、SNMP、Web 等管理方式）。

（5）使用符合规则的 IP 地址和协议访问并配置设备，检查用户是否被拒绝登录设备。

4. 预期结果

（1）ACL 规则为允许访问时，使用符合规则的 IP 地址和协议类型，用户能成功登录并管理设备。

（2）ACL 规则为不允许访问时，使用符合规则的 IP 地址和协议类型，用户被拒绝登录设备。

第 45 节　　日志记录和要素

检测方法

该检测项包括如下内容。

1. 安全要求

（1）应提供日志审计功能，对用户的关键操作，如增加 / 删除账户、修改鉴别信息、修改关键配置、用户登录 / 注销、修改用户权限、重启 / 关闭设备、软件更新等行为进行记录；对重要安全事件进行记录，对影响设备运行安全的事件进行告警提示。

（2）日志审计记录中应记录必要的日志要素，至少包括事件发生的日期和时间、主体（如登录账号等）、事件描述（如类型、操作结果等）、源 IP 地址（采用远程管理方式时）等，为查阅和分析提供足够的信息。

（3）不应在日志中明文或弱加密记录敏感数据，如用户口令、SNMP 团体名、Web 会话 ID 及私钥等。

2. 预置条件

（1）按测试环境 1 搭建好测试环境。

（2）厂商提供包括管理员等所有账号信息。

（3）厂商提供日志记录功能的相关说明，包括记录的事件类型、要素等。

3. 检测步骤

（1）使用具有管理员权限的账号，通过远程管理方式登录被测设备，进行增加 / 删除账户、修改鉴别信息、修改用户权限等操作。

（2）使用系统默认的账号或新增账号登录 / 退出设备，查看日志，日志应记录相应的操作。

（3）使用具有管理员权限的账号对设备进行配置、重启、关闭、软件更新、修改 IP 地址等操作。

（4）使用具有管理员权限的账号登录被测设备，进行关于配置用户口令、SNMP 团体名、Web 登录或配置私钥等敏感数据操作。

（5）查看日志，应该记录以上操作行为。

（6）检查日志审计记录中是否包含必要的日志要素，至少包括事件发生的日期和时间、主体（如登录账号等）、事件描述（如类型、操作结果等）、源 IP 地址（采用远程管理方式时）等。

（7）查看日志的记录内容是否包含明文或弱加密记录敏感数据等。

4. 预期结果

（1）针对设备的配置、系统安全相关操作等事件均被记录在日志中。

（2）日志记录格式符合文档要求，日志审计记录包含必要的日志要素，例如事件发生的时间、主体（如登录账号等）、事件描述（如类型、操作结果等）、源 IP 地址（采用远程管理方式时）等。

（3）日志中不存在明文或弱加密（如 MD5、BASE64、ASCII 码转换等）记录敏感数据，如用户口令、SNMP 团体名、Web 会话 ID 及私钥等。

第 46 节　　日志信息本地存储安全

检测方法

该检测项包括如下内容。

1. 安全要求

被测设备应提供日志信息本地存储功能，当日志记录存储达到极限时，应采取覆盖告警、循环覆盖旧的记录等措施。

2. 预置条件

（1）按测试环境 1 搭建好测试环境。

（2）厂商提供包括管理员等所有账号信息。

（3）厂商提供日志记录的最大值或日志文件存储最大值的说明。

3. 检测步骤

（1）使用具有管理员权限的账号登录被测设备。

（2）查看日志文件。

（3）反复进行相关操作，例如登录 / 退出，直到日志记录存储达到极限，例如日志记录条目数达到最大值或日志文件存储达到最大值。

（4）再进行一次设备相关操作，检查最新一次操作是否已经被记录，最早的一次记录是否已经被覆盖。

（5）检查是否支持日志覆盖告警上报。

4. 预期结果

日志记录存储达到极限时，系统支持覆盖告警上报或采用循环覆盖旧的记录等措施。

第 47 节　　日志信息输出功能

检测方法

该检测项包括如下内容。

1. 安全要求

被测设备应支持日志信息输出功能。

2. 预置条件

（1）按测试环境 1 搭建好测试环境。

（2）厂商提供包括管理员等所有账号信息。

（3）厂商提供日志输出功能的说明，包括输出形式、方式、配置方法等。

3. 检测步骤

（1）使用具有管理员权限的账号登录被测设备。

（2）配置被测设备，将日志传输到远端服务器。

（3）查看远端服务器是否有相关日志信息。

4. 预期结果

（1）在检测步骤（2）中，支持日志输出功能。

（2）在检测步骤（3）中，远端服务器存在相关日志信息。

第48节　日志信息断电保护功能

检测方法

该检测项包括如下内容。

1. 安全要求

被测设备应提供安全功能，保证设备异常断电恢复后，已记录的日志不丢失。

2. 预置条件

（1）按测试环境1搭建好测试环境。

（2）厂商提供包括管理员等所有账号信息。

3. 检测步骤

（1）使用具有管理员权限的账号登录被测设备。

（2）检查日志信息。

（3）设备断电，然后重启。

（4）使用具有管理员权限的账号重新登录被测设备。

（5）检查断电、重启设备之前的日志信息是否丢失。

4. 预期结果

断电、重启设备以后日志信息没有丢失。

第 49 节　日志信息安全保护

检测方法

该检测项包括如下内容。

1. 安全要求

被测设备应具备对日志在本地存储和输出过程进行保护的安全功能，防止日志内容被未经授权地查看、输出或删除。

2. 预置条件

（1）按测试环境 1 搭建好测试环境。

（2）厂商提供对日志有不同操作权限的账号，并说明不同权限账号所具备的日志操作权限。

3. 检测步骤

（1）使用授权账号登录被测设备，检查该用户是否可以查看、输出或删除本地日志文件。

（2）使用非授权账号登录被测设备，检查该用户是否可以查看、输出或删除日志记录和日志文件。

4. 预期结果

只有获得授权的用户才能对日志内容进行查看、输出或删除。

第 50 节　　管理协议安全

一、检测方法

该检测项包括如下内容。

1. 安全要求

（1）被测设备应支持与管理系统（管理用户）建立安全的通信信道/路径，保障通信数据的保密性、完整性。

（2）当被测设备支持 Web 管理时，应支持 HTTPS（超文本传输安全协议）。

（3）当被测设备支持 SSH 管理时，应支持 SSHv2。

（4）当被测设备支持 SNMP 管理时，应支持 SNMPv3。

（5）被测设备应支持使用至少一种非明文数据传输协议对设备进行管理，如 HTTPS、SSHv2、SNMPv3 等。

（6）被测设备应支持关闭 Telnet、SSH、SNMP、Web 等网络管理功能。

2. 预置条件

（1）按测试环境 1 搭建好测试环境。

（2）厂商提供设备支持的安全协议的说明材料。

3. 检测步骤

（1）尝试开启 HTTPS、SSHv2、SNMPv3 等使用非明文数据传输协议的管理功能。

（2）当被测设备支持 Web 管理时，尝试开启 HTTPS 管理功能。

（3）当被测设备支持 SSH 管理时，尝试开启 SSHv2 管理功能。

（4）当被测设备支持 SNMP 管理时，尝试开启 SNMPv3 管理功能。

（5）尝试关闭网络管理功能，例如 Telnet、SSH、SNMP、Web 等。

（6）对被测设备进行文件传输（上传、下载）操作，查看是否支持安全的传输协议，例如 HTTPS、SFTP 等。

4. 预期结果

（1）在检测步骤（1）中，被测设备应支持使用至少一种非明文数据传输协议对设备进行管理，如 HTTPS、SSHv2、SNMPv3 等。

（2）在检测步骤（2）中，当被测设备支持 Web 管理时，应支持 HTTPS。

（3）在检测步骤（3）中，当被测设备支持 SSH 管理时，应支持 SSHv2。

（4）在检测步骤（4）中，当被测设备支持 SNMP 管理时，应支持 SNMPv3。

（5）在检测步骤（5）中，被测设备支持关闭 Telnet、SSH、SNMP、Web 等网络管理功能。

（6）在检测步骤（6）中，被测设备支持 HTTPS、SFTP 等安全的传输协议进行文件传输。

二、检测实施过程要点

被测设备应支持使用至少一种安全协议对设备进行管理，保障通信数据的保密性、完整性，包括但不限于 HTTPS、SSHv2、SNMPv3 等使用非明文数据传输协议的管理功能。配置被测设备，尝试使用安全协议对设备进行管理和操作，以 SSHv2 协议为例，查看设备是否支持 SSHv2 协议。

```
[Router]dis ssh server status
  Stelnet server:Enable
  SSH version : 2.0
  SSH authentication-timeout :60 second(s)
  SSH server key generating interval : 0 hour(s)
  SSH authentication retries: 3 time(s)
  SFTP server: Enable
  SFTP server Idle-Timeout: 10 minute(s)
  NETCONF server: Enable
  SCP server:Disable
```

尝试使用 SSHv2 协议对被测设备进行管理，查看结果。

<Router >ssh 192.168.24.119

Username: admin

Press CTRL+C to abort.

Connecting to 192.168.24.119 port 22.

admin@192.168.24.119' s password:

*admin@192.168.24.119's password: %Apr 29 14:49:15:941 2021 Router PWDCTL/6/PWDCTL_*

ADD_BLACKLIST: -MDC=1; admin was added to the blacklist for failed login attempts.

%Apr 29 14:49:15:992 2021 Router SSHS/6/SSHS_LOG: -MDC=1; Authentication failed for admin

from 192.168.24.119 port 22088 because of invalid username or wrong password.

Enter a character ~ and a dot to abort.

%Apr 29 14:49:26:819 2021 Router SSHS/6/SSHS_LOG: -MDC=1; Accepted password for admin

from 192.168.24.119 port 22088.

Your login failures since the last successful login:

  Thu Apr 29 14:47:41 2021 from]192.168.24.119

  Thu Apr 29 14:49:15 2021 from 192.168.24.119

Last successfully login source192.168.24.119 time: Thu Apr 29 14:45:41 2021%Apr 29 14:49:27:942

2021 Router SSHS/6/SSHS_CONNECT: -MDC=1; SSH user admin(IP:192.168.24.119) connected

to the server successfully.

%Apr 29 14:49:28:417 2021 Router SHELL/5/SHELL_LOGIN: -MDC=1; admin logged in from

192.168.24.119

第 51 节　　协议健壮性安全

一、检测方法

该检测项包括如下内容。

1. 子检测项 1

（1）安全要求

基础通信协议（如 IPv4/v6、TCP、UDP、ICMPv4/v6 等）应满足通信协议健壮性要求，防范异常报文的攻击。

（2）预置条件

厂商提供有关 IPv4/v6、TCP、UDP、ICMPv4/v6 等基础通信协议健壮性测试的材料。

（3）检测步骤

检查有关 IPv4/v6、TCP、UDP、ICMPv4/v6 等基础通信协议健壮性测试的材料。

（4）预期结果

厂商提供的基础通信协议健壮性测试证明的材料，能够保障信息可信。

2. 子检测项 2

（1）安全要求

应用层协议（如 SNMPv1/v2c/v3、SSHv1/v2、HTTP/HTTPS、FTP、TFTP、NTP、NETCONF、Openflow 等）应满足通信协议健壮性要求，防范异常报文攻击。

（2）预置条件

厂商提供有关 SNMPv1/v2c/v3、SSHv1/v2、HTTP/HTTPS、FTP、TFTP、NTP、NETCONF、Openflow 等应用层协议健壮性测试的材料。

（3）检测步骤

检查有关 SNMPv1/v2c/v3、SSHv1/v2、HTTP/HTTPS、FTP、TFTP、NTP、NETCONF、Openflow 等应用层协议健壮性测试的材料。被测设备不支持的应用层协议无须提供相应的测试材料。

（4）预期结果

厂商提供的应用层协议健壮性测试证明的材料，能够保障信息可信。

3. 子检测项 3

（1）安全要求

路由控制协议（如 OSPFv2/v3、BGP4/4+ 等）应满足通信协议健壮性要求，防范异常报文攻击。

（2）预置条件

如果被测设备支持路由功能，厂商提供有关 OSPFv2/v3、BGP4/4+ 等路由控制协议健壮性测试的材料。

（3）检测步骤

如果被测设备支持路由功能，检查有关 OSPFv2/v3、BGP4/4+ 等路由控制协议健壮性测试的材料。

（4）预期结果

厂商提供的路由控制协议健壮性测试证明的材料，能够保障信息可信。

二、检测实施过程要点

检查查看厂商提供的通信协议健壮性测试材料（一般是第三方机构出具的正式检测报告），确认报告内容符合要求，例如标准依据、所使用的印章符合实验室开展检测工作的要求和标准要求。

测试材料应由独立于设备提供方和设备使用方的第三方机构出具，测试材料中的测试过程应与 3GPP TS 33.117 中 "4.4.4 Robustness and fuzz testing" 的要求相一致。

厂商应提供被测对象一致性说明材料，如被测设备与提供的测试材料中被测对象的软件仅有少量差异（如小版本号不同、补丁版本号不同等）时，厂商补充提供差异部分的测试材料。

第 52 节　　NTP 安全

一、检测方法

该检测项包括如下内容。

1. 安全要求

被测设备应支持使用 NTP（网络时间协议）等实现时间同步功能，并具备安全功能或措施防范针对时间同步功能的攻击，如提供 NTP 认证等功能。

2. 预置条件

（1）按测试环境 1 搭建好测试环境。

（2）厂商提供设备 NTP 等时间同步的说明材料。

（3）设备开机正常运行。

3. 检测步骤

配置被测设备，开启 NTP 时间同步功能，并测试其是否具备安全功能或措施防范针对时间同步功能的攻击，如提供 NTP 认证功能。

4. 预期结果

被测设备支持使用 NTP 等实现时间同步功能，并具备安全功能或措施可以防范针对时间同步功能的攻击。

5. 判定原则

测试结果应与预期结果相符，否则不符合安全要求。

二、检测实施过程要点

查看厂商提供的被测设备 NTP 等时间同步的说明材料，配置被测设备为 client 端，开启 NTP 时间同步功能。

```
[Router]dis thi | in ntp
  clock protocol ntp mdc 1
  ntp-service enable
  ntp-service authentication enable
  ntp-service authentication-keyid 1 authentication-mode md5 cipher $e$3$v04BHv27KVDNHVIvky
  luMv7F4mYQVA==ntp-service:reliable authentication-keyid 1
  ntp-serviceunicast-server13.0.0.2authentication-keyid 1
```

配置辅助设备为 sercer 端，开启 NTP 时间同步功能。

Router]dis th | in ntp

ntp-service enable

ntp-service authentication enable

ntp-service authentication-keyid 1 authentication-mode md5 cipher c3$V9W2LEUy0B6Mk4TJylq

vRMrzmzYceA==ntp-service reliable authentication-keyid 1

ntp-service refclock-master 2

检查被测设备是否能够进行时间同步。

[Router]dis ntp-service status

Clock status: synchronized

Clock stratum:3

system peer: 13.0.0.2

Local mode:client

Reference clock ID:13.0.0.2

Leap indicator: 00

NTP version:4

Clock jitter:0.000046 s

stability: 0.000 pps

Clock precision: 2^-18

Root delay: 0.80872 ms

Root dispersion:11.68823 ms

Reference time:e5249c28.a1fb2f3f Thuoct28202111:48:56.632

第53节　　路由通信协议认证功能

检测方法

该检测项包括如下内容。

1. 安全要求

路由通信协议应支持非明文路由认证功能。

2. 预置条件

（1）按测试环境 1 搭建好测试环境。

（2）厂商提供路由通信协议认证功能的说明材料。

3. 检测步骤

（1）按照厂商提供的路由通信协议认证功能材料，配置被测设备，被测设备和数据网络测试仪之间分别启用被测设备支持的所有路由协议，配置被测设备和数据网络测试仪之间协议的非明文认证功能。

（2）数据网络测试仪向被测设备发送特定数据包，验证认证功能是否有效。

4. 预期结果

路由通信协议应支持非明文路由认证功能。

第 54 节　协议声明

检测方法

该检测项包括如下内容。

1. 安全要求

被测设备应不存在未声明的私有协议。

2. 预置条件

厂商提供被测设备支持的协议清单和不存在未声明的私有协议的说明材料。

3. 检测步骤

检查厂商提供的材料，确认是否提供了被测设备支持的协议清单和不存在未声明的私有协议的说明材料。

4. 预期结果

厂商提供了被测设备支持的协议清单和不存在未声明的私有协议的说明材料。

第 55 节　重放攻击防范能力

一、检测方法

该检测项包括如下内容。

1. 安全要求

被测设备应具备抵御常见重放类攻击的能力。

2. 预置条件

按测试环境 1 搭建好测试环境。

3. 检测步骤

（1）配置被测设备，开启相关协议功能。

（2）建立连接关系，抓取并保存认证凭据，通过退出或更改等手段解除连接关系，重新发送保存的认证凭据，查看连接情况。

4. 预期结果

在检测步骤（2）中，连接失败。

二、检测实施过程要点

测试设备的重放攻击防范能力需开启远程管理功能，准备一台数据网络测试仪，按测试环境 1 搭建好测试环境。

（1）以 SSH 协议为例，尝试登录设备，抓取并保存认证凭据，如图 3-21 所示。

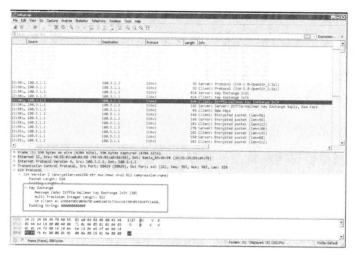

图3-21　登录认证凭据

（2）退出连接后，将认证凭据导入数据网络测试仪，并使用数据网络测试仪回放保存的认证凭据，如图 3-22 所示。

Status	Active	Name	Tags	Index	IPv4 Source Address	Source Mac	TCP Source Port	TCP Destination Port
◉	☑	StreamBlock 45	Click to ad...	0	212.1.113.113	68:05:CA:08:82:F6	62226	22
◉	☑	StreamBlock 46	Click to ad...	1	212.1.113.113	68:05:CA:08:82:F6	62226	22
◉	☑	StreamBlock 47	Click to ad...	2	212.1.113.113	68:05:CA:08:82:F6	62226	22
◉	☑	StreamBlock 48	Click to ad...	3	212.1.113.113	68:05:CA:08:82:F6	62226	22

图3-22　回放认证凭据

查看被测设备 SSH 连接情况，被测设备没有 SSH 连接。

第 56 节　敏感数据保护功能

一、检测方法

该检测项包括如下内容。

1. 安全要求

被测设备应具备防止数据泄露、数据非授权读取和修改的安全功能，对存储在设备上的敏感数据进行安全保护的功能。

2. 预置条件

（1）按测试环境1搭建好测试环境。

（2）厂商提供说明材料，说明存储在被测设备上的敏感数据类型及查看方式。

3. 检测步骤

（1）查看被测设备中的用户口令和协议加密口令，检查是否以密文形式存储或不显示。

（2）在运行系统中查看各类口令，检查是否以密文形式存储或不显示。

（3）查看配置文件中的各类口令，检查是否以密文形式存储或不显示。

4. 预期结果

（1）被测设备中的用户口令和协议加密口令均以密文形式存储或不显示。

（2）运行系统中的各类口令均显示为密文或不显示。

（3）配置文件中存储的口令均显示为密文或不显示。

二、检测实施过程要点

检查被测设备的保护功能，应根据厂商提供的说明材料，分别检查被测设备中的用户口令和协议加密口令，运行系统中的各类口令及配置文件中的各类口令，检查是否以密文形式存储或不显示。

（1）设备中的用户口令和协议加密口令均加密显示。

（2）运行协议使用的口令为加密显示，用户登录时，输入的口令不显示。

（3）配置文件中存储的口令均以密文显示。

第 57 节　数据删除功能

一、检测方法

该检测项包括如下内容。

1. 安全要求

被测设备应具备对用户产生且存储在设备中的数据（如日志、配置文件等）进行授权删除的功能，支持在删除前对该操作进行确认。

2. 预置条件

（1）按测试环境 1 搭建好测试环境。

（2）根据被测设备登录方式说明材料，用户使用具有管理员权限的账号登录被测设备。

（3）被测设备应支持包括但不限于如下权限用户：查询权限、配置权限、管理员权限、系统维护权限等。

（4）管理员权限、系统维护权限账户为授权账户，可以删除日志信息。

3. 检测步骤

（1）授权账户对系统运行中生成的日志缓存信息进行删除。

（2）授权账户对系统中存储的日志文件进行删除。

（3）授权账户对系统中存储的配置文件进行删除。

4. 预期结果

（1）授权账户可以成功删除系统运行过程中生成的日志信息。

（2）非授权账户无法删除系统运行过程中生成的日志信息。

（3）授权账户可以成功删除系统中存储的日志文件。

（4）非授权账户无法删除系统中存储的日志文件。

（5）授权账户可以成功删除系统中存储的配置文件。

（6）非授权账户无法删除系统中存储的配置文件。

二、检测实施过程要点

（1）授权账户和非授权账户分别对系统中存储的日志文件进行删除，授权账户可以成功删除系统中存储的日志文件，非授权账户无法删除系统中存储的日志文件。

（2）授权账户和非授权账户分别对系统中存储的配置文件进行删除，授权账户可以成功删除系统中存储的配置文件，非授权账户无法删除系统中存储的配置文件。

第4章

交换机安全功能检测

第1节 测试环境

测试环境如图 4-1～图 4-5 所示。

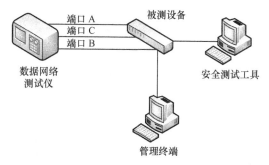

图4-1 测试环境1

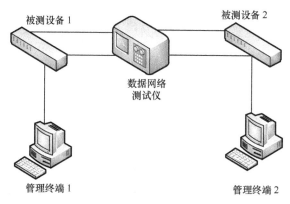

图4-2 测试环境2

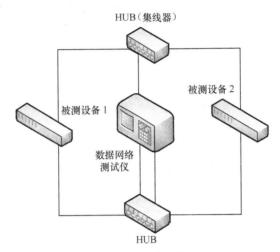

图4-3　测试环境3

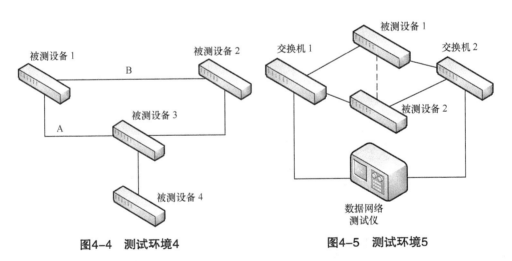

图4-4　测试环境4　　　　　　　　　图4-5　测试环境5

　　数据网络测试仪一般连接到设备的业务接口，用于模拟发送数据包。安全测试工具一般连接到设备的业务接口或管理接口，用于进行漏洞扫描、端口扫描等安全测试。管理终端一般连接到设备的管理接口，用于对被测设备进行配置、管理。

第 2 节　硬件标识安全

检测方法

该检测项包括如下内容。

1. 安全要求

（1）硬件整机应具备唯一性标识。

（2）设备的主控板卡、业务板卡、交换网板、风扇、电源、存储系统软件的板卡或其他介质（硬盘、闪存卡等）等主要部件应具备唯一性标识。

（3）应标识每个物理接口，并说明其功能，不得预留未向用户声明的物理接口。

2. 预置条件

厂商提供设备硬件接口配置说明材料。

3. 检测步骤

（1）检查硬件整机是否具备唯一性标识。

（2）检查主控板卡、业务板卡、交换网板、风扇、电源、存储系统软件的板卡或其他介质（硬盘、闪存卡等）等主要部件是否具备唯一性标。

（3）检查每个物理接口及相关说明材料，检查设备是否存在未标识的外部物理接口。

4. 预期结果

（1）硬件整机具备唯一性标识。

（2）主控板卡、业务板卡、交换网板、风扇、电源、存储系统软件的板卡或其他介质（硬盘、闪存卡等）等主要部件具备唯一性标识。

（3）每个物理接口都有标识，并通过说明书或其他材料书面说明每个物理接口的功能，设备不存在未标识的外部物理接口。

（4）如被测设备不具备可插拔的主控板卡、业务板卡、交换网板等部件，那么对这些部件进行硬件标识安全测试并不适用。

第3节　软件标识安全

检测方法

该检测项包括如下内容。

1. 安全要求

应对预装软件/固件、补丁包/升级包的不同版本进行唯一性标识。

2. 预置条件

厂商提供设备运行所需的预装软件/固件，以及可用的补丁包/升级包。

3. 检测步骤

（1）检查预装软件/固件是否具备唯一性标识。

（2）检查补丁包/升级包是否具备唯一性标识。

4. 预期结果

（1）预装软件/固件具备唯一性标识。

（2）补丁包/升级包具备唯一性标识。

第4节　鉴别提示信息安全

检测方法

该检测项包括如下内容。

1. 安全要求

用户登录通过鉴别前的提示信息应避免包含设备软件版本、型号等敏感信息，例如可通过支持关闭提示信息或者用户自定义提示信息等方式实现。

2. 预置条件

（1）按测试环境 1 搭建好测试环境。

（2）厂商提供设备管理方式说明材料。

3. 检测步骤

（1）根据设备管理方式说明材料，配置设备的管理方式及相应的管理账号，尝试登录设备。

（2）通过不同的管理方式登录设备，检查用户登录通过鉴别前的提示信息是否包含设备软件版本、型号等敏感信息。

4. 预期结果

用户登录通过鉴别前的提示信息未包含设备软件版本、型号等敏感信息。

第 5 节　设备冗余和自动切换功能

网络关键设备整机应支持主备切换功能或关键部件应支持冗余功能。网络关键设备应至少通过设备冗余和自动切换功能（整机冗余）以及设备冗余和自动切换功能（部件冗余）中的一项测试。

检测方法

1. 设备冗余和自动切换功能（整机冗余）

该检测项包括如下内容。

（1）安全要求

交换机设备应提供整机主备自动切换功能，在设备运行状态异常时，切换到冗余设备以降低安全风险。

（2）预置条件

① 按测试环境 5 搭建好测试环境。

② 两台设备分别配置为主用设备与备用设备或负载分担模式。

（3）检测步骤

① 数据网络测试仪两对端口之间发送背景流量。

② 下线被测设备 1。

③ 查看数据流量是否自动切换到被测设备 2。

④ 重新上线被测设备 1。

⑤ 被测设备 1 恢复正常运行后，查看数据流量状态是否正常。

（4）预期结果

① 在检测步骤③中，被测设备 2 能自动启用，流量能切换到被测设备 2 上。

② 在检测步骤⑤中，被测设备 1 能正常运行，且数据流量状态正常。

③ 测试结果应与预期结果相符，否则不符合要求。

④ 支持主备模式和负载分担模式中的一种即可。

⑤ 如被测设备不具备可插拔的主控板卡、业务板卡、交换网板等部件，设备应支持整机冗余和自动切换功能。

⑥ 被测设备支持整机冗余和关键部件冗余中的一项即可判定为符合要求。

2. 设备冗余和自动切换功能（部件冗余）

该检测项包括如下内容。

（1）安全要求

交换机设备应提供关键部件自动切换功能，在关键部件运行状态异常时，切换到冗余部件以降低安全风险。

（2）预置条件

① 按测试环境 1 搭建好测试环境。

② 被测设备关键部件配置冗余。

③ 厂商提供支持冗余和自动切换的部件清单。

（3）检测步骤

① 数据网络测试仪发出背景流量。

② 按照厂商提供的清单，分别拔掉或关闭处于运行状态的关键部件（如主控板卡、交换网板、电源和风扇等），等待一段时间并观察被测设备的工作状态。

③ 查看数据流量是否有丢包现象，并记录丢包的数量。

（4）预期结果

① 被测设备可以自动启用备用关键部件（如备用主控板卡、备用交换网板、备用电源、备用风扇等），工作正常。

② 测试结果应与预期结果相符，否则不符合要求。

③ 如被测设备具备相应的部件，支持冗余和自动切换的部件应至少包括主控板卡、交换网板、电源和风扇。

④ 如被测设备不具备可插拔的主控板卡、业务板卡、交换网板等部件，那么对这些部件进行冗余和自动切换功能测试并不适用。

⑤ 被测设备支持整机冗余和关键部件冗余中的一项即可判定为符合要求。

第 6 节　热插拔功能

检测方法

该检测项包括如下内容。

1. 安全要求

部分关键部件（主控板卡、交换网板、业务板卡、电源、风扇等）应支持热插拔功能。

2. 预置条件

（1）按测试环境 1 搭建好测试环境。

（2）被测设备关键部件正常运行。

3. 检测步骤

（1）配置被测设备正常工作，数据网络测试仪发出背景流量。

（2）拔掉处于运行状态的关键部件，如主控板卡、交换网板（无背景流量）、业务板卡（无背景流量）、电源、风扇，观察被测设备的工作状态。

（3）重新插上拔掉的关键部件，观察被测设备的工作状态。

4. 预期结果

在检测步骤（2）和步骤（3）中，流量不中断，被测设备支持热插拔功能，重新插入的关键部件在一段时间后恢复正常运行。

如被测设备不具备可插拔的主控板卡、业务板卡、交换网板等部件，那么对这些部件进行热插拔功能测试并不适用。

第 7 节　备份与恢复功能

检测方法

该检测项包括如下内容。

1. 安全要求

支持对预装软件、配置文件的备份与恢复功能，使用恢复功能时支持对预装软件、配置文件的完整性检查。

2. 预置条件

按测试环境 1 搭建好测试环境。

3. 检测步骤

（1）配置被测设备正常工作。

（2）分别备份预装软件、配置文件到被测设备之外的存储介质上。

（3）清空或重置设备配置，保存并重启。

（4）将预装软件从存储介质上恢复到被测设备上并重启被测设备，查看设备是否能够以预装软件启动，并恢复到正常工作状态。

（5）将配置文件从存储介质上恢复到被测设备上，并查看设备配置是否恢复到了备份前的工作状态。

（6）修改存储介质上备份的预装软件和配置文件，并重复检测步骤（4）～步骤（5）。

4. 预期结果

（1）在检测步骤（2）中，软件和配置文件备份成功。

（2）在检测步骤（4）中，恢复的软件工作正常。

（3）在检测步骤（5）中，被测设备配置与备份前一致。

（4）在检测步骤（6）中，被测设备能够检测到软件和配置已被修改，且不能成功恢复到备份前的工作状态。

第 8 节　故障隔离与告警功能

检测方法

该检测项包括如下内容。

1. 安全要求

（1）被测设备支持主控板卡、交换网板、业务板卡、电源、风扇等部分关键部件故障隔离功能。

（2）被测设备应支持异常状态检测，产生相关错误提示信息，支持故障的告警、定位等功能。

2. 预置条件

按测试环境 1 搭建好测试环境。

3. 检测步骤

（1）数据网络测试仪发出背景流量。

（2）分别拔掉或关闭处于运行状态的关键部件（如主控板卡、交换网板、业务板卡、电源和风扇等），等待一段时间并观察被测设备的工作状态以及是否有故障告警、定位的信息。

4. 预期结果

（1）被测试设备支持部分关键部件故障隔离功能，相互独立的模块或者部件中的任一个模块或部件出现故障，不影响其他模块或部件的正常工作。

（2）被测设备支持识别异常状态，产生相关错误提示信息，提供故障的告警、定位等功能。

（3）如被测设备不具备可插拔的主控板卡、业务板卡、交换网板等部件，那么对这些部件进行故障隔离功能测试并不适用。

第9节 独立管理接口功能

检测方法

该检测项包括如下内容。

1. 安全要求

被测设备应提供独立的管理接口，实现设备管理和数据转发的隔离。

2. 预置条件

按测试环境 1 搭建好测试环境。

3. 检测步骤

（1）检查被测设备是否有独立的管理接口，并确认管理接口是否能够正常使用。

（2）从管理接口向业务接口发送测试数据。

（3）从业务接口向管理接口发送测试数据。

4. 预期结果

（1）在检测步骤（1）中，被测设备具备独立的管理接口且可以正常使用。

（2）在检测步骤（2）和步骤（3）中，管理接口和业务接口相互隔离，测试数据转发不成功。

第 10 节　漏洞扫描

检测方法

1. 安全要求

不应存在已公布的漏洞或具备补救措施防范漏洞安全风险。

2. 预置条件

（1）按测试环境 1 搭建好测试环境。

（2）厂商提供具有管理员权限的账号，用于登录被测设备的操作系统。

（3）按照产品说明书进行初始配置，并启用相关的协议和服务。

（4）扫描所使用的工具及其知识库需使用最新版本。

3. 检测步骤

典型的漏洞扫描方式包括系统漏洞扫描、Web 应用漏洞扫描等，扫描应覆盖具有网络通信功能的各类接口。

（1）系统漏洞扫描

利用系统漏洞扫描工具，通过具有网络通信功能的各类接口分别对被测设备系统进行扫描（包含登录扫描和非登录扫描两种方式，优先使用登录扫描方式），查看扫描结果。

（2）Web 应用漏洞扫描（被测设备不支持 Web 功能时不适用）

利用 Web 应用漏洞扫描工具对支持 Web 应用的网络接口进行扫描（包含登录扫描和非登录扫描两种方式，优先使用登录扫描方式），查看扫描结果。

（3）对于以上扫描发现的安全漏洞，检查是否具备补救措施。

4. 预期结果

分析扫描结果，没有发现安全漏洞；或者分析扫描结果发现了安全漏洞，针对发现的漏洞具备相应的补救措施。

第 11 节　　恶意程序扫描

检测方法

该检测项包括如下内容。

1. 安全要求

预装软件、补丁包 / 升级包不应存在恶意程序。

2. 预置条件

（1）按测试环境 1 搭建好测试环境。

（2）厂商提供具有管理员权限的账号，用于登录被测设备的操作系统。

（3）厂商提供测试所需的预装软件、补丁包 / 升级包。

（4）按照产品说明书进行初始配置，并启用相关的协议和服务，准备开始扫描。

（5）扫描所使用的工具需使用最新版本。

3. 检测步骤

使用至少两种恶意程序扫描工具对被测设备预装软件、补丁包 / 升级包进行扫描，查看是否存在恶意程序。

4. 预期结果

被测设备预装软件、补丁包 / 升级包不存在恶意程序。

第 12 节　设备功能和访问接口声明

检测方法

该检测项包括如下内容。

1. 安全要求

不应存在未声明的功能和访问接口（含远程调试接口）。

2. 预置条件

（1）厂商提供被测设备所支持的功能和访问接口清单。

（2）厂商提供具有管理员权限的账号。

（3）厂商说明不存在未声明的功能和访问接口。

3. 检测步骤

（1）使用具有管理员权限的账号登录被测设备，检查被测设备所支持的功能是否与文档描述一致。

（2）查看系统访问接口（含远程调试接口）是否与文档描述一致。

4. 预期结果

（1）被测设备支持的功能和访问接口（含远程调试接口）与文档描述一致。

（2）不存在未声明的功能和访问接口（含远程调试接口）。

第13节　　预装软件启动完整性校验功能

一、检测方法

该检测项包括如下内容。

1. 安全要求

软件启动时可通过数字签名技术验证预装软件包的完整性。

2. 预置条件

（1）按测试环境1搭建好测试环境。

（2）厂商在设备中预先安装软件包和数字签名。

3. 检测步骤

（1）修改预装软件的数字签名，重启设备。

（2）破坏预装软件的完整性，重启设备。

4. 预期结果

在检测步骤（1）和步骤（2）中，设备无法使用修改后的预装软件正常启动。

二、检测实施过程要点

通过修改被测设备的预装软件包破坏预装系统软件的完整性。

重启被测设备，设备有告警提示信息且无法正常启动，如图4-6所示。

```
······································
593625088 bytes downloaded!                          .Done.
Something wrong with the file.
==================<Enter Ethernet SubMenu>==================
[Note:the operating device is flash
```

图4-6　设备无法正常启动

第 14 节　更新功能

一、检测方法

该检测项包括如下内容。

1. 安全要求

被测设备应支持预装软件更新功能，不应支持自动更新功能。

2. 预置条件

（1）按测试环境 1 搭建好测试环境。

（2）厂商提供被测设备的预装软件。

（3）厂商提供用于更新的软件包。

3. 检测步骤

（1）检查预装软件是否可进行更新。

（2）检查预装软件是否可进行更新源（本地或远程）设置。

（3）检查预装软件的更新是否在人工操作下进行。

（4）查阅设备功能的说明材料，检查是否存在支持自动更新功能的说明。

4. 预期结果

（1）预装软件可更新。

（2）可配置更新源（本地或远程）。

（3）被测设备中的预装软件仅可在人工操作下进行更新，设备功能说明材料中不存在支持自动更新的说明。

二、检测实施过程要点

对被测设备执行预装软件更新操作。

```
<Switch>startup system-software Switch_Vxxxxxxxx.cc all
Info: Operating, please wait for a moment.... done.
Info: Succeeded in setting the next startup software in slot 5(Master MPU).
Info: Succeeded in setting the next startup software in slot 6(Slave MPU).
<Switch>save
arning: The current configuration will be written to the device. Continue? [Y/N]:y
Now saving the current configuration to the slot5
Info:Save the configuration successfully.
Now saving the current configuration to the slot6
Info: Save the configuration successfully.
<Switch>reboot
MPU 5 :
Next startup system software: flash:/ Switch_Vxxxxxxxx.cc
Next startup saved-configuration file: flash:/vrpcfg.zip
Next startup paf file:default
Next startup patch package: NULL
The configuration information of any other MPU is the same as that of MPU 5.
arning: The system will reboot. Continue? [Y/N]:y
```

更新预装软件并重启被测设备后，被测设备软件版本变为更新版本。

```
<Switch>dis startup
MainBoard:
    Configured startup system software:          flash:/ Switch_Vxxxxxxxx.cc
    Startup system software:                     flash:/ Switch_Vxxxxxxxx.cc
    Next startup systemsoftware                  flash:/ Switch_Vxxxxxxxx.cc
    Startup saved-configuration file:            flash:/vrpcfg.zip
    Next startup saved-configuration file:       flash:/vrpcfg.zip
    Startup paf file:                            default
    Next startup paf file:                       default
    Startup patch package:                       NULL
```

Next startup patch package:　　　　　　　*NULL*
SlaveBoard:
　Configured startup system software:　　*flash:/ Switch_Vxxxxxxxx.cc*
　Startup system software:　　　　　　　*flash:/ Switch_Vxxxxxxxx.cc*
　Next startup system software:　　　　　*flash:/ Switch_Vxxxxxxxx.cc*
　Startup saved-configuration file:　　　*flash:/vrpcfg.zip*
　Next startup saved-configuration file:　*flash:/vrpcfg.zip*
　Startup paf file:　　　　　　　　　　　*default*
　Next startup paf file:　　　　　　　　　*default*
　Startup patch package:　　　　　　　　*NULL*
　Next startup patch package:　　　　　　*NULL*

第 15 节　　更新授权功能

检测方法

该检测项包括如下内容。

1. 安全要求

对于更新操作，应仅限于授权用户可实施。

2. 预置条件

（1）按测试环境 1 搭建好测试环境。

（2）厂商提供被测设备分级的用户账号策略。

（3）厂商提供用户手册。

3. 检测步骤

（1）检查用户手册中是否有对不同级别账号配置及账号权限的描述。

（2）尝试配置不同级别的账号，至少配置一个无更新权限的账号和一个具备更新权限的账号。

（3）尝试使用无更新权限的账号执行设备更新操作，查看结果。

（4）尝试使用具备更新权限的账号执行设备更新操作，查看结果。

4. 预期结果

（1）用户手册中有对不同级别账号配置及账号权限的描述。

（2）不同权限的账号配置成功。

（3）无更新权限账号不能执行设备更新操作。

（4）具备更新权限的账号可以成功执行设备更新操作。

第16节 更新操作安全功能

一、检测方法

该检测项包括如下内容。

1. 安全要求

更新操作安全功能安全要求见 GB 40050-2021 5.4 c）。

应具备保障软件更新操作安全的功能。

注：保障软件更新操作安全的功能包括用户授权、更新操作确认、更新过程控制等。例如，仅指定授权用户可实施更新操作，实施更新操作的用户需经过二次鉴别，支持用户选择是否进行更新，对更新操作进行二次确认或延时生效等。

2. 预置条件

（1）按测试环境1搭建好测试环境。

（2）厂商提供用户手册。

3. 检测步骤

（1）检查设备是否支持通过用户授权的方式保障软件更新安全，只有授权用户能够执行更新操作，非授权用户不能执行更新操作。

（2）检查设备是否支持更新操作确认功能，确认的方式可包括：选择更新或不更新；通过二次鉴别的方式进行确认；对授权用户提示更新操作在特定时间段或特定操作之后才能生效，生效之前可撤销。

4. 预期结果

（1）只有授权用户能够执行更新操作，非授权用户不能执行更新操作。

（2）被测设备支持检测步骤（2）中的至少一种更新操作确认方式。

二、检测实施过程要点

（1）检查被测设备相关文档，是否支持通过用户授权的方式保障软件更新安全。

配置不同权限的账号。

```
[Switch]local-user admin
[Switch -luser-manage-admin]di th
#
local-user admin class manage password hash Sh$6$/mO/pclAsCS9kNMq$gkBAzfSaVEdKaxHZDV
4DKwXLnIqfl0ZMKbVINfLNf45bxRLKRNd1FN8lxJC+VZq4d40N5ZLklYoJFSLaSVK0QQ==
 service-type telnet terminal
 authorization-attribute user-role network-admin
 authorization-attribute user-role network-operator
#
return
[Switch -luser-manage-admin] local-user user
[Switch -luser-manage-user]di th
#
local-user user class manage
password hash $h$6$9YYfgWZFISVxe4Mn$NPXXt+W7c9+/JGj0usq9PxqzAidveWFIqq5 MfxgYS3Z
```

```
5GX1UF8ZmaUcH5MT+Ezzago6vFryn+81hInNouQraXQ==
    service-type telnet terminal
    authorization-attribute user-role network-operator
#
return
```

无更新权限的账号尝试执行设备更新操作，非授权用户不能执行设备更新操作。

具备更新权限的账号尝试执行设备更新操作，授权用户能够执行设备更新操作。

（2）检查设备是否支持更新操作确认功能，这里以选择更新或不更新为例。

第17节　软件更新包完整性校验功能

检测方法

该检测项包括如下内容。

1. 安全要求

被测设备应支持软件更新包完整性校验。

2. 预置条件

（1）按测试环境1搭建好测试环境。

（2）厂商提供预装软件更新包、更新说明材料及数字签名。

（3）厂商提供签名验证的工具或指令。

3. 检测步骤

（1）检查厂商发布更新软件包时是否同时发布数字签名。

（2）使用工具或指令验证厂商提供的软件更新包，检查是否通过签名验证。

（3）修改厂商提供的预装软件更新包，使用工具或指令验证修改过的软件更新包，检查是否可以通过签名验证。

4. 预期结果

（1）软件更新包与数字签名一同发布。

（2）使用厂商提供的签名验证工具或指令对软件更新包进行签名验证，若软件更新包与签名不匹配，则验证不通过，输出错误信息；若软件更新包与签名匹配，则输出验证通过信息。

第 18 节　　更新失败恢复功能

检测方法

该检测项包括如下内容。

1. 安全要求

更新失败时，被测设备应能够恢复到更新前的正常工作状态。

2. 预置条件

（1）按测试环境 1 搭建好测试环境。

（2）厂商提供预装软件更新包及更新说明材料。

3. 检测步骤

（1）查看并记录被测设备的当前版本。

（2）使用厂商提供的软件更新包对被测设备进行更新操作，在更新过程中模拟异常，使得更新过程失败。

（3）重启被测设备，查看被测设备的运行状态及软件版本。

4. 预期结果

重启被测设备后，运行正常，软件版本为更新前的版本。

第 19 节　　网络更新安全通道功能

一、检测方法

该检测项包括如下内容。

1. 安全要求

对于采用网络更新方式的设备，应支持非明文通道传输更新数据。

2. 预置条件

（1）按测试环境 1 搭建好测试环境。

（2）厂商提供的被测设备支持网络更新方式。

3. 检测步骤

（1）配置被测设备，开启网络更新方式，并尝试从网络获取更新包。

（2）在网络更新过程中抓取数据包，查看是否为非明文数据。

4. 预期结果

（1）被测设备可从网络中获取所需要的更新包。

（2）网络传输通道支持加密传输，数据包被加密，非明文传输。

二、检测实施过程要点

（1）使用 SFTP 或其他网络更新方式传输更新包

```
< Switch >sftp 2.2.1.1
Username: admin
Press CTRL+C to abort.
Connecting to 2.2.1.1 port 22
The server is not authenticated. Continue? [Y/N]: y
Do you want to save the server public key? [Y/N]: y
admin@2.2.1.1's password:
 sftp> get Switch -xxxxxx-yyyy.bin
```

Fetching /*Switch* -xxxxxx-yyyy.bin to Switch -xxxxxx-yyyy.bin

/*Switch* -xxxxxx-yyyy.bin　　　　　34%　20MB 110.0KB/s　05:47 ETA

在更新包传输过程中抓取数据包，查看是否为非明文数据，如图 4-7 所示。

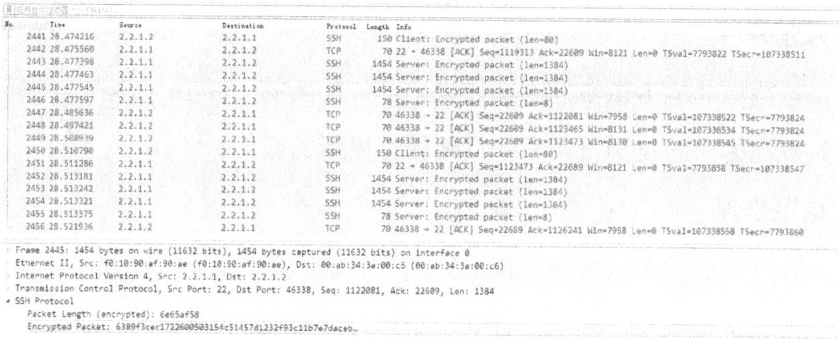

图4-7　更新包非明文传输

被测设备可成功获取更新包。

（2）修改预装软件更新包

检查被测设备是否可以完成更新过程。图 4-8 所示为被测设备不能更新的情况。

```
.................................................................
.................................................................
.................................................................
.................................................................
.......................................................Done.
799245312 bytes downloaded!
Signature check failed.
Something wrong with the file.
```

图4-8　被测设备不能更新

第 20 节　更新过程告知功能

一、检测方法

该检测项包括如下内容。

1. 安全要求

更新过程告知功能的安全要求见 GB 40050-2021 5.4 e）。

应有明确的信息告知用户软件更新过程的开始、结束及更新的内容。

2. 预置条件

（1）按测试环境 1 搭建好测试环境。

（2）厂商提供的被测设备具有预装软件更新的能力。

3. 检测步骤

（1）检查被测设备是否对此次更新的内容进行说明，可以通过文档或软件提示信息等方式进行说明。

（2）检查被测设备是否具备更新过程开始提示信息和更新过程结束提示信息。

4. 预期结果

（1）被测设备具备更新的内容说明。

（2）被测设备具备更新过程开始提示信息和更新过程结束提示信息。

二、检测实施过程要点

（1）检查厂商提供的材料，是否包含对此次设备更新内容的说明。

（2）尝试对被测设备进行更新操作，检查更新过程中有无提示更新过程开始和更新过程结束的信息。

第 21 节　更新源可用性

检测方法

该检测项包括如下内容。

1. 安全要求

被测设备应具备稳定可用的渠道提供软件更新源。

2. 预置条件

（1）按测试环境 1 搭建好测试环境。

（2）厂商提供设备预装软件更新包的更新源。

3. 检测步骤

（1）检查更新源是否可用，尝试从更新源获取软件更新包。

（2）对被测设备进行更新，检查更新结果。

4. 预期结果

（1）被测设备具备软件包更新源，可获得软件更新包。

（2）被测设备更新正常。

第 22 节　　默认开放服务和端口

检测方法

该检测项包括如下内容。

1. 安全要求

（1）在默认状态下，被测设备应仅开启必要的服务和对应的端口，应明示所有默认开启的服务、对应的端口及用途，应支持用户关闭默认开启的服务和对应的端口。

（2）被测设备使用 Telnet、SNMPv1/v2c、HTTP 等明文传输协议的网络管理功能应默认关闭。

（3）对于存在较多版本的远程管理协议，应默认关闭安全性较低的版本，例如设备支持 SSH 协议时，应默认关闭 SSHv1。

2. 预置条件

（1）按测试环境 1 搭建好测试环境。

（2）设备以默认状态运行，默认状态为设备出厂设置时的配置状态。

（3）厂商提供所有默认开启的服务、对应的端口及用途、管理员权限账号的说明材料。

3. 检测步骤

（1）使用扫描工具对被测设备进行全端口扫描，查看在默认状态下开启的服务和对应的端口是否与厂商提供的说明材料内容一致、是否仅开启必要的服务和对应的端口。

（2）配置被测设备，关闭默认开启的端口和服务，使用扫描工具对设备再次进行扫描，查看扫描结果，检查默认开启的端口和服务是否被关闭。

（3）检查被测设备的配置，查看 Telnet、SNMPv1/v2c、HTTP 等明文传输协议的网络管理服务是否默认关闭。

（4）检查被测设备支持的远程管理协议，对于存在较多版本的远程管理协议，是否默认关闭安全性较低的版本，例如设备支持 SSH 协议时，是否默认关闭 SSHv1。

4. 预期结果

（1）在检测步骤（1）中，被测设备在默认状态下仅开启必要的服务和对应的端口，默认开启的服务和端口与厂商提供的说明材料内容一致。

（2）在检测步骤（2）中，用户可以自行关闭默认开启的服务和对应的端口。

（3）在检测步骤（3）中，使用 Telnet、SNMPv1/v2c、HTTP 等明文传输协议的网络管理功能默认关闭。

（4）在检测步骤（4）中，存在较多版本的远程管理协议，默认关闭安全性较低的版本。

第 23 节　开启非默认开放服务和端口

检测方法

该检测项包括如下内容。

1. 安全要求

非默认开放的端口和服务，应在用户知晓且同意后才可启用。

2. 预置条件

（1）按测试环境 1 搭建好测试环境。

（2）设备以默认状态运行，默认状态为设备出厂设置时的配置状态。

（3）厂商提供设备非默认开放端口和服务对应关系的说明材料。

（4）厂商提供说明材料，说明开启非默认开放端口和服务的配置方式，以及如何让用户知晓和同意开启非默认开放端口和服务。

3. 检测步骤

按照厂商提供的说明材料配置设备，开启非默认开放的端口和服务，确认是否经过用户知晓且同意才可启用。

4. 预期结果

非默认开放的端口和服务，应在用户知晓且同意后才可启用。

第 24 节　大流量攻击防范能力

检测方法

该检测项包括如下内容。

1. 安全要求

被测设备应具备抵御目的为交换机自身的大流量攻击的能力，例如目的为交换机管理接口的 ICMPv4/v6 Ping request Flood 攻击、TCPv4/v6 SYN Flood 攻击等。

2. 预置条件

按测试环境 1 搭建好测试环境。

3. 检测步骤

（1）按测试环境连接被测设备，配置各接口的 IPv4/v6 地址。

（2）数据网络测试仪从端口 A 到端口 B 发送背景流量。

（3）从数据网络测试仪端口 C 向被测设备自身 IP 地址（如环回地址、管理接口地址）以端口线速分别发送 ICMPv4/v6 Ping request Flood、TCPv4/v6 SYN Flood 等攻击流量，攻击流量和背景流量总和不超过设备转发能力。

4. 预期结果

攻击对背景流量无影响，且设备运行状态（CPU、内存、告警等）正常。

5. 判定原则

测试结果应与预期结果相符，否则不符合要求。

第 25 节　地址解析欺骗攻击防范能力

检测方法

该检测项包括如下内容。

1. 安全要求

被测设备应支持防范 ARP/ND 欺骗攻击的功能，如通过 MAC 地址绑定等功能实现。

2. 预置条件

（1）按测试环境 1 搭建好测试环境。

（2）配置被测设备的防范 ARP/ND 欺骗攻击功能。

3. 检测步骤

（1）按测试环境连接设备，配置各个接口的 IPv4/v6 地址。

（2）数据网络测试仪接口 A 和接口 B 发送各自的 ARP/ND 消息。

（3）从数据网络测试仪接口 B 向测试仪接口 A（IP_A/IPv6_A）发送数据流。

（4）测试仪接口 C 发送 ARP/ND 欺骗报文，即 ARP-reply/NA 包中声称 IP_A/IPv6_A 对应的 MAC 地址为 MAC_C。

（5）从测试仪接口 B 向主机 A（IP_A/IPv6_A）发送 IP 数据。

4. 预期结果

（1）在检测步骤（3）中，数据网络测试仪端口 A 收到端口 B 发送的 IP 数据流。

（2）在检测步骤（5）中，数据网络测试仪端口 A 收到端口 B 发送的 IP 数据流，端口 C 收不到该数据流。

第 26 节　广播风暴攻击防范能力

检测方法

该检测项包括如下内容。

1. 安全要求

被测设备应支持基于 MAC 地址的转发功能，针对启用 MAC 地址转发的交换机端口，应支持开启生成树协议等功能，防范广播风暴攻击；支持关闭生成树协议或支持启用 Root Guard、BPDU Guard 等功能，防范针对生成树协议的攻击。

2. 预置条件

按测试环境 2、测试环境 3、测试环境 4 搭建好测试环境。

3. 检测步骤

（1）按测试环境 2 连接设备，配置生成树协议，数据网络测试仪发送流量。

（2）断开所使用的链路。

（3）按测试环境 3 连接设备，配置生成树协议，数据网络测试仪发送流量。

（4）关闭所使用的被测设备 1。

（5）按测试环境 4 连接设备，分别配置被测设备 1～被测设备 4 的生成树优先级为 1、2、3、0，配置被测设备 1 的 Root Guard 功能，被测设备依次 1、2、3 加电，被测设备 4 加电。

（6）按照测试交换机 4 连接设备，分别配置被测设备 1～被测设备 4 的生成树优先级为 1、2、3、0，关闭被测设备 3 的 BPDU Guard 功能，交换机 1、2、3、4 加电。

（7）配置被测设备 3 的 BPDU Guard 功能，交换机 1、2、3、4 重新加电。

4. 预期结果

（1）在检测步骤（1）中，只有一条链路可用。

（2）在检测步骤（2）中，另一条链路恢复使用。

（3）在检测步骤（3）中，只有一条链路可用。

（4）在检测步骤（4）中，被测设备 2 恢复使用。

（5）经过检测步骤（5）之后，被测设备 1 仍是 Root 交换机。

（6）经过检测步骤（6）之后，被测设备 4 是 Root 交换机。

（7）经过检测步骤（7）之后，被测设备 1 是 Root 交换机。

第 27 节　用户凭证猜解攻击防范能力

检测方法

该检测项包括如下内容。

1. 安全要求

被测设备应支持连续的非法登录尝试次数限制或其他安全策略，以防范用户凭证猜解攻击。

2. 预置条件

按测试环境 1 搭建好测试环境。

3. 检测步骤

（1）配置被测设备的最多非法登录尝试次数为 N。

（2）针对不同的管理方式（包括且不限于 Telnet、SSH、SNMP 等）分别使用不同的账户登录被测设备，连续 $M(M>N)$ 次输入错误的鉴别信息，检查设备的状态。

4. 预期结果

（1）在检测步骤（1）中，配置成功，被测设备支持配置非法登录尝试次数。

（2）在检测步骤（2）中，经过 N 次的鉴别失败以后，被测设备应通过锁定账号、中断连接、锁定登录界面或其他限制措施来防止用户凭证猜解攻击。

第 28 节　用户会话连接限制功能

检测方法

1. 安全要求

被测设备应支持限制用户会话连接的数量，以防范资源消耗类拒绝服务攻击。

2. 预置条件

按测试环境 1 搭建好测试环境。

3. 检测步骤

（1）配置被测设备用户会话连接数量最大连接数为 N。

（2）针对不同的管理方式（包括且不限于 Telnet、SSH 等）分别尝试建立 M（$M>N$）个会话连接，检查被测设备会话连接的建立情况。

4. 预期结果

（1）在检测步骤（1）中，配置成功，被测设备支持限制用户会话连接的数量。

（2）在检测步骤（2）中，建立 N 个会话连接以后，无法再建立新的会话连接。

第 29 节　　Web 管理功能安全测试

检测方法

该检测项包括如下内容。

1. 安全要求

在支持 Web 管理功能时，被测设备应具备抵御常见 Web 攻击的能力，例如注入攻击、重放攻击、权限绕过攻击、非法文件上传等。

2. 预置条件

按测试环境 1 搭建好测试环境。

3. 检测步骤

（1）配置被测设备的 Web 管理功能。

（2）在被测设备输入框和参数链接处等潜在注入漏洞点尝试进行测试，检查是否存在漏洞。

（3）在被测设备输入框和参数链接处等潜在跨站漏洞点尝试进行测试，检查是否存在漏洞。

（4）在被测设备参数交互点尝试通过命令执行漏洞攻击，检查是否存在漏洞。

（5）登录被测设备，抓取并保存登录报文，退出登录后重新发送保存的登录报文，查看登录情况。

（6）登录被测设备，进行修改口令、下载配置文件等操作，抓取并保存操作报文，退出登录后重新发送保存的操作报文，查看操作的可行性。

（7）非授权用户尝试执行修改其他用户口令、删除日志等操作，检查操作是否成功。

（8）在被测设备文件上传位置上传恶意文件，查看是否上传成功。

4. 预期结果

（1）在检测步骤（2）～步骤（4）中，未发现漏洞。

（2）在检测步骤（5）～步骤（6）中，登录失败。

（3）在检测步骤（7）中，操作失败。

（4）在检测步骤（8）中，恶意文件上传失败。

第 30 节　SNMP 管理功能安全测试

检测方法

该检测项包括如下内容。

1. 安全要求

在支持 SNMP 管理功能时，被测设备应具备抵御常见攻击的能力，例如权限绕过、信息泄露等。

2. 预置条件

按测试环境 1 搭建好测试环境。

3. 检测步骤

（1）配置被测设备的 SNMP 功能。

（2）对被测设备进行 SNMP 漏洞扫描。

（3）使用不具备权限的用户账号尝试获取未授权访问的节点信息（如账户名、口令等），验证是否可利用获取的信息进行非授权访问和攻击。

4. 预期结果

（1）在检测步骤（2）中，未发现已知漏洞或具备有效措施防范漏洞安全风险。

（2）无法获取敏感信息或无法利用获取的信息实施非授权访问和攻击。

第 31 节　SSH 管理功能安全测试

检测方法

该检测项包括如下内容。

1. 安全要求

在支持 SSH 管理功能时，被测设备应具备抵御常见攻击的能力，例如权限绕过、拒绝服务攻击等。

2. 预置条件

按测试环境 1 搭建好测试环境。

3. 检测步骤

（1）配置被测设备的 SSH 功能。

（2）对被测设备进行 SSH 漏洞扫描。

（3）输入空用户名、空口令、超长口令及带有特殊字符的用户名和口令，尝试 SSH 登录，查看登录结果。

（4）使用低权限的用户账号尝试未授权的操作。

（5）发送背景流量，然后使用数据网络测试仪向设备（如环回地址、管理接口地址）发起超量的 SSH 连接请求，观察设备状态与背景流量。

4. 预期结果

（1）在检测步骤（2）中，未发现已知漏洞或具备有效措施防范漏洞安全风险。

（2）在检测步骤（3）中，登录失败。

（3）在检测步骤（4）中，操作失败。

（4）在被测设备上未成功建立超量的 SSH 连接，攻击对背景流量无影响，设备运行状态（CPU、内存、告警等）正常。

第 32 节　　Telnet 管理功能安全测试

检测方法

该检测项包括如下内容。

1. 安全要求

在支持 Telnet 管理功能时，被测设备应具备抵御常见攻击的能力，例如权限绕过、拒绝服务攻击等。

2. 预置条件

按测试环境 1 搭建好测试环境。

3. 检测步骤

（1）配置被测设备的 Telnet 功能。

（2）对被测设备进行 Telnet 漏洞扫描。

（3）输入空用户名、空口令、超长口令及带有特殊字符的用户名和口令，尝试 Telnet 登录，查看登录结果。

（4）使用低权限的用户账号尝试未授权的操作。

（5）发送背景流量，然后使用数据网络测试仪向设备（如环回地址、管理接口地址）发起超量的 Telnet 连接请求，观察设备状态与背景流量。

4. 预期结果

（1）在检测步骤（2）中，未发现已知漏洞或具备有效措施防范漏洞安全风险。

（2）在检测步骤（3）中，登录失败。

（3）在检测步骤（4）中，操作失败。

（4）在被测设备上未成功建立超量的 Telnet 连接，攻击对背景流量无影响，设备运行状态（CPU、内存、告警等）正常。

第 33 节　RestAPI 管理功能安全测试

检测方法

该检测项包括如下内容。

1. 安全要求

在支持 RestAPI 管理功能时，被测设备应具备抵御常见攻击的能力，例如 API（应用程序接口）身份验证绕过攻击、HTTP 身份绕过攻击、Oauth 绕过攻击、拒绝服务攻击等。

2. 预置条件

（1）按测试环境 1 搭建好测试环境。

（2）配置启用被测设备的 RestAPI 管理功能。

3. 检测步骤

（1）对被测设备进行 RestAPI 漏洞扫描。

（2）检查使用 RestAPI 功能是否需要验证用户的身份，比如提供用户账号的口令。

（3）创建一个高权限的用户账号和一个低权限的用户账号。

（4）通过低权限的用户账号登录，检查低权限的用户账号可执行的命令和可访问的资源。

（5）使用不携带认证参数的请求对设备 API 接口进行访问。

（6）检查设备是否支持 HTTPS 协议，并具备防暴力破解机制。

（7）如果设备支持 OAuth 认证，构造非法的测试参数向设备发起认证请求，检查设备是否对重定向参数进行了校验，是否返回敏感信息，如 token 等。

（8）输入空用户名、空口令、超长口令及带有特殊字符的用户名和口令，尝试登录设备，查看被测设备的登录情况。

（9）发送背景流量，然后使用数据网络测试仪向设备环回地址和管理接口地址发起超量的 RestAPI 连接请求（包括正常的请求与畸形的请求），观察设备状态与背景流量。

4. 预期结果

（1）在检测步骤（1）中，未发现已知漏洞或具备有效措施防范漏洞安全风险。

（2）在检测步骤（4）中，未能获取当前账户权限之外的资源。

（3）在检测步骤（5）中，未能进行访问。

（4）在检测步骤（6）中，支持 HTTPS 协议，并具备防暴力破解机制。

（5）在检测步骤（7）中，设备对重定向参数进行了严格的校验，未返回敏感信息。

（6）在检测步骤（8）中，不能登录设备。

（7）在检测步骤（9）中，被测设备应丢弃超量的连接请求，攻击对背景流量无影响，且设备运行状态（CPU、内存、告警等）正常。

（8）支持本节要求的管理功能时需测试，不支持时无须测试，厂商应提供设备不支持本项管理功能的说明。

第 34 节 　 NETCONF 管理功能安全测试

检测方法

该检测项包括如下内容。

1. 安全要求

在支持 NETCONF 管理功能时，被测设备应具备抵御常见攻击的能力，例如权限绕过、拒绝服务攻击等。

2. 预置条件

按测试环境 1 搭建好测试环境。

3. 检测步骤

（1）配置被测设备的 NETCONF 功能。

（2）对被测设备进行 NETCONF 漏洞扫描。

（3）输入空用户名、空口令、超长口令及带有特殊字符的用户名和口令，尝试 NETCONF 登录，查看登录结果。

（4）使用低权限的用户账号尝试未授权的操作。

（5）发送背景流量，然后使用数据网络测试仪向设备环回地址和管理接口地址发起超量的 NETCONF 连接请求（包括正常的请求与畸形的请求），观察设备状态与背景流量。

4. 预期结果

（1）在检测步骤（2）中，未发现已知漏洞或具备有效措施防范漏洞安全风险。

（2）在检测步骤（3）中，登录失败。

（3）在检测步骤（4）中，操作失败。

（4）被测设备应丢弃超量的连接请求，攻击对背景流量无影响，且设备运行状态（CPU、内存、告警等）正常。

（5）支持本节要求的管理功能时需测试，不支持时无须测试，厂商应提供设备不支持本项管理功能的说明。

第 35 节　FTP 管理功能安全测试

检测方法

该检测项包括如下内容。

1. 安全要求

在支持 FTP 功能时，被测设备应具备抵御常见攻击的能力，例如目录遍历、权限绕过等。

2. 预置条件

按测试环境 1 搭建好测试环境。

3. 检测步骤

（1）配置被测设备的 FTP 功能。

（2）对被测设备进行 FTP 漏洞扫描。

（3）使用匿名方式登录 FTP，查看登录情况。

（4）输入空用户名、空口令、超长口令及带有特殊字符的用户名和口令，尝试 FTP 登录，查看登录结果。

（5）查看 FTP 用户目录权限配置，尝试非授权访问目录。

（6）尝试执行目录遍历攻击。

4. 预期结果

（1）在检测步骤（2）中，未发现已知漏洞或具备有效措施防范漏洞安全风险。

（2）在检测步骤（3）中，登录失败。

（3）在检测步骤（4）中，登录失败且设备无异常。

（4）在检测步骤（5）中，用户仅有访问该用户目录的权限，无法访问其他用户的目录。

（5）在检测步骤（6）中，目录遍历攻击失败。

（6）支持本节要求的管理功能时需测试，不支持时无须测试，厂商应提供设备不支持本项管理功能的说明。

第 36 节　SFTP 管理功能安全测试

检测方法

该检测项包括如下内容。

1. 安全要求

在支持 SFTP 功能时，被测设备应具备抵御常见攻击的能力，例如目录遍历、权限绕过等。

2. 预置条件

按测试环境 1 搭建好测试环境。

3. 检测步骤

（1）配置被测设备的 SFTP 功能。

（2）对被测设备进行 SFTP 漏洞扫描。

（3）使用匿名方式登录 SFTP，查看登录情况。

（4）输入空用户名、空口令、超长口令及带有特殊字符的用户名和口令，尝试 SFTP 登录，查看登录情况。

（5）对 SFTP 进行权限检测，查看用户目录权限配置。

（6）检查设备是否支持用户口令的非明文保存。

4. 预期结果

（1）在检测步骤（2）中，未发现已知漏洞或具备有效措施防范漏洞安全风险。

（2）在检测步骤（3）中，登录失败。

（3）在检测步骤（4）中，登录失败且设备无异常。

（4）在检测步骤（5）中，用户仅有访问该用户目录的权限。

（5）在检测步骤（6）中，设备支持加密保存用户口令。

（6）支持本节要求的管理功能时需测试，不支持时无须测试，厂商应提供设备不支持本项管理功能的说明。

第 37 节　身份标识和鉴别功能

一、检测方法

该检测项包括如下内容。

1. 安全要求

应不存在未向用户公开的身份鉴别信息。

2. 预置条件

（1）按测试环境 1 搭建好测试环境。

（2）厂商提供所有存在的身份鉴别信息，即默认用户名和口令。

（3）厂商提供所有的管理方式（登录所采用的通信协议）信息。

（4）厂商提供不存在未向用户公开的身份鉴别信息的声明。

3. 检测步骤

（1）使用具有管理员权限的账号登录被测设备。

（2）检查系统默认账号是否与文档描述一致。

（3）检查所有账号的权限是否和厂商提供的文档描述一致。

（4）检查厂商提供的所有用户名和口令是否能成功登录被测设备。

4. 预期结果

（1）系统默认账号与文档描述一致。

（2）账号的权限和厂商提供的文档描述一致。

（3）厂商提供的所有用户名和口令能成功登录被测设备。

（4）厂商提供不存在未向用户公开的身份鉴别信息的声明。

二、检测实施过程要点

（1）尝试使用管理账号和正确的口令以及错误的口令分别登录设备，正确的口令登录成功。

使用错误的口令登录设备应失败，如图 4-9 所示。

```
login: admin
Password:
AAA authentication failed.
```

图4-9 使用错误的口令登录设备失败

（2）登录被测设备，创建新的账号和口令。

创建成功。

```
[Switch-luser-manage-www]di th
#
local-user www.class manage  password hash Sh$6$DnFzlF9i9Z+1Vb3X$b3IkCffyiddv7dd8wNaM
PSQVTyHx8iiYzLumT+0mJC81weXDMeA2BoOEslsWJ2JwCWPzqSkGTVAfVttmslc9YA==
 service-type ssh telnet terminal http https
 authorization-attribute user-role network-admin
 authorization-attribute user-role network-operator
#
return
```

使用新账号和口令登录被测设备，可以成功登录被测设备。

使用新账号和空口令登录被测设备，登录被测设备失败，如图 4-10 所示。

```
login: www
Password:
AAA authentication failed.
```

图4-10　使用新账号和空口令登录失败

（3）尝试创建与步骤（2）中具有相同用户身份标识的账号，进入原账号配置视图，不能新创建相同用户标识的账号。

第 38 节　　口令安全——默认口令、口令生存周期

一、检测方法

该检测项包括如下内容。

1. 安全要求

使用口令鉴别方式时，应支持首次管理设备时强制修改默认口令或设置口令，或支持随机初始口令，支持设置口令生存周期。

2. 预置条件

（1）按测试环境 1 搭建好测试环境。

（2）厂商提供口令鉴别方式相关的说明文档，包括但不限于默认设备管理方式、默认口令、口令生存周期等内容。

（3）被测设备处于出厂默认配置状态。

3. 检测步骤

（1）若被测设备存在默认口令，则使用默认账号登录被测设备，检查被测设备是否强制修改默认口令或使用随机的初始口令。

若被测设备不存在默认口令，则检查是否强制设置口令。

（2）检查被测设备是否支持设置口令生存周期。

4. 预期结果

首次管理关键设备时，系统提示强制修改默认口令或者设置口令，或支持随机的初始口令，支持设置口令生存周期。

二、检测实施过程要点

检查被测设备口令鉴别方式相关的说明文档，包括但不限于默认设备管理方式、默认口令、口令生存周期等内容。需要注意的是，本项目测试前需要确认设备处于默认状态，如果设备已经投入使用，则需要恢复至默认状态后才可进行测试。

（1）以被测设备不存在默认口令为例，用户首次登录系统，提示强制修改默认口令。

```
login: www
Password:
First login or password reset. For security reason, you need to change your password. Please enter
your password.
old password:
new password:
confirm:
Updating user information. Please wait... ...
```

（2）检查被测设备是否支持设置口令生存周期，当被测设备支持设置口令生存周期，且口令快过期时，再次登录被测设备，系统应提示修改口令。

```
<Switch>%Apr 27 08:50:50:626 2021 CR16018-FA SHELL/5/SHELL_LOGIN: -MDC=1; Console
```

logged in from con0.
< Switch >telnet 192.168.24.119
Trying192.168.24.119 .
Press CTRL+K to abort
Connected to192.168.24.119
login:eee
Password:
Your passwordl will expire in 1 days. Do you want to change it?

第 39 节　口令安全——口令复杂度、口令显示

一、检测方法

该检测项包括如下内容。

1. 安全要求

（1）使用口令鉴别方式时，支持口令复杂度检查功能，开启口令复杂度检查功能时，应支持检查口令长度不少于 8 位且至少包含 2 种不同类型的字符。

（2）使用口令鉴别方式时，不应明文回显用户输入的口令信息。

2. 预置条件

（1）按测试环境 1 搭建好测试环境。

（2）厂商提供口令鉴别方式相关的说明文档，包括但不限于口令复杂度、口令保护、设备管理方式等内容。

3. 检测步骤

（1）开启口令复杂度检查功能时，配置或确认口令复杂度要求。

（2）按照厂商提供的设备管理方式信息，创建不同管理方式的新账号，配置符合口令复杂度要求的账号，并使用新创建的账号以不同的管理方式登录设备，检查在登录过程中是否明文回显输入的口令信息以及是否能够成功登录。

（3）按照厂商提供的设备管理方式信息，创建不同管理方式的新账号，配置不符合口令复杂度要求的账号，检查配置结果。

4. 预期结果

（1）在检测步骤（1）中，被测设备支持口令复杂度要求的长度不少于 8 位，且至少包含 2 种不同类型的字符，常见的字符类型包括数字、大小写字母、特殊字符等。

（2）在检测步骤（2）中，创建新账号成功，以各种管理方式登录过程中没有明文回显输入的口令信息，且登录成功。

（3）在检测步骤（3）中，创建新账号失败，无法创建口令不满足复杂度要求的账号。

二、检测实施过程要点

检查厂商提供口令鉴别方式相关的说明文档。

（1）尝试开启口令复杂度检查功能，配置或确认口令复杂度要求。被测设备配置口令复杂度要求的长度不少于 8 位，且至少包含 2 种不同类型的字符，如图 4-11 所示。

```
password-control enable
password-control aging 1
password-control length 8
password-control update-interval 0
password-control complexity same-character check
```

图4-11　配置口令复杂度要求

（2）尝试创建新账号，确认账号创建成功。

尝试以各种管理方式（包括但不限于 Console 接口、SSH、Telnet 等）登录被测设备，登录过程中没有明文回显输入的口令信息且登录成功，这里以 Console 接口登录为例。

（3）尝试配置不符合口令复杂度要求的账号，创建失败，无法创建口令不满足复杂度要求的账号。

[Switch-luser-manage-eee]passwordsimple 123
The password is too short.It must contain at least 8 characters.
[Switch -luser-manage-eee]passwordsimple 12345678
Invalid password composition.The password must contain at least 2 types and at least 1 characters for each type.

第 40 节　会话空闲时间过长防范功能

一、检测方法

该检测项包括如下内容。

1. 安全要求

会话空闲时间过长防范功能的安全要求见 GB 40050-2021 5.5 e）。

应支持启用安全策略或具备安全功能，以防止用户登录设备后会话空闲时间过长。

注：常见的防止用户登录设备后会话空闲时间过长的安全策略或安全功能包括用户登录设备后会话空闲超时后自动退出等。

2. 预置条件

（1）按测试环境 1 搭建好测试环境。

（2）厂商提供会话空闲超时控制策略、相关的配置及设备管理方式的说明。

3. 检测步骤

（1）配置或确认会话空闲时长。

（2）按照厂商提供的设备管理方式信息，以不同的管理方式登录被测设备，检查登录设备后空闲时间达到设定值或默认值时是否会锁定或者自动退出。

4. 预期结果

（1）配置成功或者确认已存在默认的会话空闲时长，并记录会话空闲时长值。

（2）登录设备后空闲时间达到设定值或默认值时会锁定或者自动退出。

二、检测实施过程要点

尝试配置被测设备会话空闲时长为 1min。

[Switch -line-auxl]idle-timeout 1

按照厂商提供的设备管理方式信息，以不同的管理方式（包括但不限于
Console 接口、SSH、Telnet 等）登录被测设备，检查登录设备后空闲时间达到设
定值或默认值时是否会锁定或者自动退出。以 SSH 登录方式为例，SSH 登录超
过会话空闲时长后，自动退出。

Inactive timeout reached, logging out.
Connection to 16.1.152.57 closed.

第 41 节　　鉴别失败处理功能

检测方法

该检测项包括如下内容。

1. 安全要求

鉴别失败后，应返回最少且无差别信息。

2. 预置条件

（1）按测试环境 1 搭建好测试环境。

（2）厂商提供所有默认账号信息及设备管理方式的说明。

3. 检测步骤

（1）按照厂商提供的设备管理方式信息，以不同的管理方式，使用正确的账
号（包括默认账号或新建账号）及错误的口令登录被测设备，检查返回结果。

（2）按照厂商提供的设备管理方式信息，以不同的管理方式，使用错误的账
号（包括默认账号或新建账号）登录被测设备，检查返回结果。

4. 预期结果

检测步骤（1）和步骤（2）返回的结果无差别，且没有其他鉴别失败原因提示。

第 42 节　　身份鉴别信息安全保护功能

一、检测方法

该检测项包括如下内容。

1. 安全要求

应对用户身份鉴别信息进行安全保护，保障用户鉴别信息存储的保密性，以及传输过程中的保密性和完整性。

2. 预置条件

（1）按测试环境 1 搭建好测试环境。

（2）厂商提供所有身份鉴别信息安全存储、安全传输操作的说明。

3. 检测步骤

（1）按照厂商提供的说明材料生成用户身份鉴别信息，查看是否以加密方式存储。

（2）按照厂商提供的说明材料生成并传输用户身份鉴别信息，通过抓包或其他有效的方式查看是否具备保密性和完整性保护能力。

4. 预期结果

（1）用户身份鉴别信息能以加密方式存储。

（2）具备保障用户身份鉴别信息的保密性和完整性能力。

二、检测实施过程要点

检查被测设备和配置文件中的用户身份鉴别信息，查看是否以加密方式存储。

使用加密方式（包括 SSH、SNMP 等）执行用户登录操作，在传输过程中抓包查看传输数据包，用户身份信息加密传输，如图 4-12 所示。

No.	Time	Source	Destination	Protocol Length Info
886	16:30:53.109497	172.31.79.11	172.31.80.80	SNMP 100 get-request
887	16:30:53.109927	172.31.79.11	172.31.80.80	SNMP 147 report 1.3.6.1.6.3.15.1.1.4.0
888	16:30:53.110798	172.31.79.11	172.31.80.80	SNMP 147 report 1.3.6.1.6.3.15.1.1.4.0
889	16:30:53.146460	172.31.80.80	172.31.79.11	SNMP 168 encryptedPDU: privKey unknown
890	16:30:53.147058	172.31.79.11	172.31.80.80	SNMP 161 report 1.3.6.1.6.3.15.1.1.2.0
891	16:30:53.148034	172.31.79.11	172.31.80.80	SNMP 161 report 1.3.6.1.6.3.15.1.1.2.0
892	16:30:53.175022	172.31.80.80	172.31.79.11	SNMP 169 encryptedPDU: privKey unknown
893	16:30:53.175643	172.31.79.11	172.31.80.80	SNMP 177 encryptedPDU: privKey unknown
894	16:30:53.176185	172.31.79.11	172.31.80.80	SNMP 177 encryptedPDU: privKey unknown

```
⊞ Frame 889: 168 bytes on wire (1344 bits), 168 bytes captured (1344 bits)
⊞ Ethernet II, Src: 80:c1:6e:e0:26:44 (80:c1:6e:e0:26:44), Dst: Kyushu-K_1b:5c:02 (00:0f:4a:1b:5c:02)
⊞ Internet Protocol Version 4, Src: 172.31.80.80 (172.31.80.80), Dst: 172.31.79.11 (172.31.79.11)
⊟ User Datagram Protocol, Src Port: 60966 (60966), Dst Port: snmp (161)
    Source port: 60966 (60966)
    Destination port: snmp (161)
    Length: 134
  ⊟ Checksum: 0xf831 [validation disabled]
      [Good Checksum: False]
      [Bad Checksum: False]
⊟ Simple Network Management Protocol
    msgVersion: snmpv3 (3)
  ⊞ msgGlobalData
  ⊞ msgAuthoritativeEngineID: 800063a280000ec621b92000000001
    msgAuthoritativeEngineBoots: 0
    msgAuthoritativeEngineTime: 0
    msgUserName: uu
    msgAuthenticationParameters: f9c9c9e41bb7a66e8b1e0b71
    msgPrivacyParameters: 000000c800000021
```

图4-12　用户身份信息加密传输

第43节　用户权限管理功能

一、检测方法

该检测项包括如下内容。

1. 安全要求

用户权限管理功能的安全要求见 GB 40050-2021 5.6 d）。

应提供用户分级、分权控制机制。对涉及设备安全的重要功能，仅授权的高权限等级用户可以使用。

注：常见的涉及设备安全的重要功能包括补丁管理、固件管理、日志审计、时间同步等。

2. 预置条件

（1）按测试环境 1 搭建好测试环境。

（2）厂商提供所有默认账号信息及设备管理方式的说明。

3. 检测步骤

（1）分别添加或使用不同权限等级的两个用户 user1、user2。

（2）为 user1 配置低等级权限，仅具有修改自己的口令、状态查询等权限，不支持配置系统信息，不支持涉及设备安全的重要功能如补丁管理、固件管理、日志审计、时间同步等权限。

（3）为 user2 配置高等级权限，具有涉及设备安全的重要功能如补丁管理、固件管理、日志审计、时间同步等权限。

（4）分别使用 user1、user2 登录设备，对设备进行修改自己的口令、状态查询、补丁管理、固件管理、日志审计、时间同步等配置或操作。

4. 预期结果

（1）在检测步骤（1）中成功添加两个用户。

（2）在检测步骤（4）中，user1 仅可修改自己的口令、进行状态查询等基本操作，不支持配置系统信息，不支持涉及设备安全的重要功能如补丁管理、固件管理、日志审计、时间同步等配置或操作；user2 支持涉及设备安全的重要功能如补丁管理、固件管理、日志审计、时间同步等配置或操作。

二、检测实施过程要点

（1）在被测设备上添加不同权限等级的两个用户。

```
[Switch]local-user admin
[Switch -luser-manage-admin]di th
#
local-user admin class manage
password hash $h$6$2Gv7N/1ld80zMD9s$2K/6lGqe0cVuz/ySkgxzebiP1Jlo8uwzzihR7qNRFyzCEjN
vuCUcR0bXagqG6MmaA8GyIXcCqTQ4Jt7MTXxtIA==
 service-type ftp
 service-type ssh telnet terminal http
  authorization-attribute work-directory flash:
  authorization-attribute user-role network-admin
  authorization-attribute user-role network-operator
```

```
#
return
[Switch -luser-manage-admin]local-user user
[Switch -luser-manage-user]di th
local-user user class manage
    password hash Sh6cz7mw779UKTsoeCqS/wzygg7bDYUhAh+uRYDjN6VDjzhhEFkLYMsFBBzCe
M0N8Q3sdsB0pA3qiGkushAThnpRwl0w5J2+qJjdt09ieA==
    service-typeftp
service-type ssh telnet terminal http
    authorization-attributeuser-role level-1
#
return
```

（2）user1 用户仅具有修改自己的口令、状态查询等权限，不支持配置系统信息，不支持涉及设备安全的重要功能如补丁管理、固件管理、日志审计、时间同步等权限。

（3）user2 用户具有涉及设备安全的重要功能如补丁管理、固件管理、日志审计、时间同步等权限。

第 44 节　访问控制列表功能

一、检测方法

该检测项包括如下内容。

1. 安全要求

被测设备应支持基于源 IPv4/v6 地址、目的 IPv4/v6 地址、源端口、目的端口、协议类型等的访问控制列表功能，支持基于源 MAC 地址的访问控制列表功能。

2. 预置条件

（1）按测试环境 1 搭建好测试环境。

（2）按厂商提供的设备登录管理方式登录设备。

（3）厂商提供关于访问控制功能的相关配置说明。

3. 检测步骤

（1）配置被测设备，在管理接口上分别配置并启用用户自定义 ACL，ACL 可基于源 IPv4/v6 地址、源端口、协议类型、源 MAC 地址等进行过滤。

（2）配置被测设备，在业务接口上分别配置并启用用户自定义 ACL，ACL 可基于源 IPv4/v6 地址、目的 IPv4/v6 地址、源端口、目的端口、协议类型、源 MAC 地址等进行过滤。

（3）根据配置的 ACL，利用数据网络测试仪，发送命中和未命中 ACL 的数据流，查看 ACL 是否生效。

4. 预期结果

基于源 IPv4/v6 地址、目的 IPv4/v6 地址、源端口、目的端口、协议类型、源 MAC 地址的访问控制列表功能生效，命中 ACL 的数据流会被设备过滤，未命中 ACL 的数据流不会被设备过滤。

二、检测实施过程要点

检查被测设备是否支持访问控制功能，按照厂商提供的配置说明对被测设备进行配置。以 ACL 功能为例，配置基于源 IPv4 的访问控制列表功能生效。

对受控资源仅授权用户可访问，非授权用户不能访问。

检查被测设备是否支持访问控制功能，按照厂商提供的配置说明对被测设备进行配置。以 ACL 功能为例，配置基于源 IPv6 的访问控制列表功能生效。

对受控资源仅授权用户可访问，非授权用户不能访问。

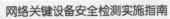
第45节　会话过滤功能

检测方法

该检测项包括如下内容。

1. 安全要求

被测设备应支持对用户管理会话进行过滤，限制非授权用户访问和配置设备，例如通过访问控制列表功能限制可对设备进行管理（包括 Telnet、SSH、SNMP、Web 等管理方式）的用户 IPv4/v6 地址。

2. 预置条件

（1）按测试环境 1 搭建好测试环境。

（2）设备支持访问控制列表功能。

（3）用户具有管理员权限，可对 ACL 配置。

（4）使用系统默认用户账号或新增用户账号进行测试。

3. 检测步骤

（1）使用具有管理员权限的账户登录被测设备。

（2）在设备接口绑定 ACL 规则，ACL 规则配置为允许用户访问设备，此规则检查用户的 IP 地址（IPv4/v6）和会话使用的协议（包括 Telnet、SSH、SNMP、Web 等管理方式）。

（3）使用符合规则的 IP 地址和协议类型，检查用户是否能成功登录并管理设备。

（4）在设备接口绑定 ACL 规则，ACL 规则配置为不允许用户访问设备，通过此规则检查用户的 IP 地址（IPv4/v6）和会话使用的协议（包括 Telnet、SSH、SNMP、Web 等管理方式）。

（5）使用符合规则的 IP 地址和协议访问并配置设备，检查用户是否被拒绝登录设备。

4. 预期结果

（1）ACL 规则为允许访问时，使用符合规则的 IP 地址和协议类型，用户能成功登录并管理设备。

（2）ACL 规则为不允许访问时，使用符合规则的 IP 地址和协议类型，用户被拒绝登录设备。

第 46 节　　日志记录和要素

一、检测方法

该检测项包括如下内容。

1. 安全要求

（1）应提供日志记录功能，对用户的关键操作，如增加 / 删除账户、修改鉴别信息、修改关键配置、用户登录 / 注销、修改用户权限、重启 / 关闭设备、软件更新等行为进行记录；对重要安全事件进行记录，对影响设备运行安全的事件进行告警提示。

（2）日志审计记录中应记录必要的日志要素，至少包括事件发生的日期和时间、主体（如登录账号等）、事件描述（如类型、操作结果等）、源 IP 地址（采用远程管理方式时）等，为查阅和分析提供足够的信息。

（3）不应在日志中明文或弱加密记录敏感数据，如用户口令、SNMP 团体名、Web 会话 ID 及私钥等。

2. 预置条件

（1）按测试环境 1 搭建好测试环境。

（2）厂商提供包括管理员等所有账号信息。

（3）厂商提供日志记录功能的相关说明，包括记录的事件类型、要素等。

3. 检测步骤

（1）使用具有管理员权限的账号，通过远程管理方式登录被测设备，进行增加/删除账户、修改鉴别信息、修改用户权限等操作。

（2）使用系统默认的账号或新增账号登录/退出设备，查看日志，日志应记录相应操作。

（3）使用具有管理员权限的账号对设备进行配置、重启、关闭、软件更新、修改 IP 地址等操作。

（4）使用具有管理员权限的账号登录被测设备，进行关于配置用户口令、SNMP 团体名、Web 登录或配置私钥等敏感数据操作。

（5）查看日志，应该记录以上操作行为。

（6）检查日志审计记录中是否包含必要的日志要素，至少包括事件发生的日期和时间、主体（如登录账号等）、事件描述（如类型、操作结果等）、源 IP 地址（采用远程管理方式时）等。

（7）查看日志的记录内容是否包含明文或弱加密记录敏感数据等。

4. 预期结果

（1）针对设备的配置、系统安全相关操作等事件均被记录在日志中。

（2）日志记录格式符合文档要求，日志审计记录包含必要的日志要素，如事件发生的日期和时间、主体（如登录账号等）、事件描述（如类型、操作结果等）、源 IP 地址（采用远程管理方式时）等。

（3）日志中不存在明文或弱加密（如 MD5、BASE64、ASCII 码转换等）记录敏感数据，如用户口令、SNMP 团体名、Web 会话 ID 及私钥等。

二、检测实施过程要点

根据检测方法对被测设备执行设备的配置、系统安全相关操作，查看事件是否均被记录在日志中；日志记录格式是否符合文档要求，日志审计记录中是否包含必要的日志要素，如事件发生的日期和时间、主体（如登录账号等）、事件描述（如类型、操作结果等）、源 IP 地址（采用远程管理方式时）等；在日志中不应存在明文或弱加密（如 MD5、BASE64、ASCII 码转换等）记录敏感数据，如用户口令、SNMP 团体名、Web 会话 ID 及私钥等。

（1）使用具有管理员权限的账号，通过远程管理的方式登录被测设备，进行增加 / 删除账户、修改鉴别信息、修改用户权限等操作。

```
%@18613298%Apr 28 10:21:29:294 2021 Switch SHELL/4/SHELL_CMD_MATCHFAIL:
-User=**-IPAddr=**; Command is undo local-user456 in viewsystem failed to be matched.
%@18613299%Apr 28 10:21:32:262 2021 Switch SHELL/6/SHELL_CMD: -Line=con0-
IPAddr=**User=**; Command is undo local-user456 class manage
%@18613300%Apr 28 10:21:35:480 2021 Switch SHELL/6/SHELL CMD:-Line=con0-IPAddr=**-
User=**; Command is local-user123
%@18613301%Apr 28 10:21:41:865 2021 Switch SHELL/6/SHELL CMD:-Line=con0-IPAddr=**-
User=**; Command is password simple ******
%@18613302%Apr 28 10:21:47:090 2021 Switch SHELL/6/SHELL_CMD: -Line=con0-
IPAddr=**User=**; Command is service-type ssh telnet terminal
%@18613303%Apr 28 10:21:56:931 2021 Switch SHELL/6/SHELL CMD:-Line=con0-IPAddr=**
  User=**;Command is authorization-attributeuser-role network-admin
```

（2）使用系统默认的账号或新增账号登录 / 退出设备，查看日志记录。

```
%@18613342%Apr 28 10:30:24:885 2021 Switch SHELL/5/SHELL_LOGIN: 123 logged in from
212.1.22.23.
%@18613343%Apr 28 10:30:29:945 2021 Switch SHELL/6/SHELL_CMD: -Line=vty0-
IPAddr=212.1.22.23-User=123; Command is dis int brief
%@18613344%Apr 28 10:30:31:903 2021 Switch SHELL/6/SHELL_CMD: -Line=vty0-
IPAddr=212.1.22.23-User=123; Command is quit
%@18613345%Apr 28 10:30:31:920 2021 Switch SHELL/5/SHELL_LOGOUT: 123 logged out
from212.1.22.23
```

（3）使用具有管理员权限的账号对设备进行配置、重启、关闭、软件更新、修改 IP 地址等操作，查看日志记录。

（4）使用具有管理员权限的账号登录被测设备，进行关于配置用户口令、SNMP

团体名、Web 登录或配置私钥等敏感数据操作。

第 47 节　日志信息本地存储安全

一、检测方法

该检测项包括如下内容。

1. 安全要求

被测设备应提供日志信息本地存储功能，当日志记录存储达到极限时，应采取覆盖告警、循环覆盖旧的记录等措施。

2. 预置条件

（1）按测试环境 1 搭建好测试环境。

（2）厂商提供包括管理员等所有账号信息。

（3）厂商提供日志记录的最大值或日志文件存储最大值的说明。

3. 检测步骤

（1）使用管理员权限账号登录被测设备。

（2）查看日志文件。

（3）反复进行相关操作，例如登录和退出设备，直到日志记录存储达到极限，例如日志记录条目数达到最大值或日志文件存储达到最大值。

（4）再进行一次设备相关操作，检查最新一次操作是否已经被记录，最早的一次记录是否已经被覆盖。

（5）检查是否支持日志覆盖告警上报。

4. 预期结果

当日志记录存储达到极限时，系统支持覆盖告警上报或采用循环覆盖旧的记录等措施。

二、检测实施过程要点

在实际操作过程中，可通过修改阈值等方式使日志数量尽快达到阈值，缓存中日志记录超过最大值后，可以看到有标注缓存中循环覆盖的条数。

第 48 节　日志信息输出功能

一、检测方法

该检测项包括如下内容。

1. 安全要求

被测设备应支持日志信息输出功能。

2. 预置条件

（1）按测试环境 1 搭建好测试环境。

（2）厂商提供包括管理员等所有账号信息。

（3）厂商提供日志输出功能的说明，包括输出形式、方式、配置方法等。

3. 检测步骤

（1）使用具有管理员权限的账号登录被测设备。

（2）配置被测设备，将日志传输到远端服务器。

（3）查看远端服务器是否有相关日志信息。

4. 预期结果

（1）在检测步骤（2）中，支持日志输出功能。

（2）在检测步骤（3）中，远端服务器存在相关日志信息。

二、检测实施过程要点

（1）日志信息输出功能需要先配置被测设备，将日志传输到远端服务器。

（2）检查远端服务器上是否存在相关日志信息。

> *Time IP Address   Msg Type   Message*
> *Apr 28 15:15:22   192.168,24.119   local7.info   Apr 28 07:15:44 2021 Switch %%10SHELL/6/*
> *SHELL_CMD: -Line=vty0-IPAddr=192.168.20.66-User=admin; Command is dis int brief*
> *Apr 28 15:15:17   192.168.24.119   ocal7.info   Apr 28 07:15:40 2021 Switch %%10SHELL/6/*
> *SHELL_CMD: -Line=vty0-IPAddr=192.168.20.66-User=admin; Comn end is info-center loghost*
> *192.168.20.66*
> *Apr 28 15:15:17   192.168.24.119   local7.info   Apr 28 01:59:54 2021 Switch %%10SYSLOG/6/*
> *SYSLOG_RESTART: System restarted*

第49节　日志信息断电保护功能

检测方法

该检测项包括如下内容。

1. 安全要求

被测设备应提供安全功能，保证设备异常断电恢复后，已记录的日志不丢失。

2. 预置条件

（1）按测试环境1搭建好测试环境。

（2）厂商提供包括管理员等所有账号信息。

3. 检测步骤

（1）使用具有管理员权限的账号登录被测设备。

（2）检查日志信息。

（3）设备断电后重启。

（4）使用具有管理员权限的账号重新登录被测设备。

（5）检查设备断电、重启之前的日志信息是否丢失。

4. 预期结果

断电、重启设备以后日志信息没有丢失。

第 50 节　日志信息安全保护

一、检测方法

该检测项包括如下内容。

1. 安全要求

被测设备应具备对日志在本地存储和输出过程进行保护的安全功能，防止日志内容被未经授权地查看、输出或删除。

2. 预置条件

（1）按测试环境 1 搭建好测试环境。

（2）厂商提供对日志具备不同操作权限的账号，并说明不同权限账号所具备的日志操作权限。

3. 检测步骤

（1）使用授权账号登录被测设备，检查该用户是否可以查看、输出、删除本地日志文件。

（2）使用非授权账号登录被测设备，检查该用户是否可以查看、输出、删除日志记录和日志文件。

4. 预期结果

只有获得授权的用户才能对日志内容进行查看、输出或删除等操作。

二、检测实施过程要点

（1）使用授权账号登录被测设备，检查该用户是否可以查看、输出、删除本地日志信息，授权用户可以查看、输出、删除本地日志文件。

```
<Switch>dir
Directory of cfal:/logfile

    0  -rW-    68451 Sep 23 2017 16:48:08        logbuffer1.log
    1  -rW-    70875 Sep 23 201710:15:24         logbuffer10.log
    2  -rW-    65090 Sep 24 2017 14:38:38        logbuffer2.1og
    2  -rW-    64079 Sep 27 201716:26:14         logbuffer3.1og
    4  -rW-    68636 Oct 09201714:50:54          logbuffer4.1og
    5  -rW-    68547 Oct 09201715:58:54          logbuffer5.log
    6  -rW-    69785 Oct 10201710:25:20          logbuffer6.log
    7  -rW-    69863 Aug 31 201710:00:14         logbuffer7.log
    8  -rW-    67596 Aug 31 201714:55:28         logbuffer8.log
    9  -rW-    74923 Sep 14 201720:08:18         logbuffer9.log
   10  -rW-   641460 Jan 14 202100:20:28         logfile1.log.gz
   11  -rW-   650212 Jan 13 2021 23:20:20        logfilel0.log.gz
   12  -rW-   643442 Jan 16 2021 04:26:34        logfile2.10g.gz
   13  -rW-   659907 Jan 13 2021 01:40:22        logfile3.log.gz
   14  -rW-   668389 Jan 20 2021 13:20:14        logfile4.1og.gz
   15  -rW-   663687 Feb 20 2021 03:07:52        logfile5.1og.gz
   16  -rW-   911100 Feb20202103:47:02           logfile6.1og.gz
   17  -rW-   895946 Feb20202106:20:34           logfile7.log.gz
   18  -rW-  5725105 Apr 28202108:14:53          logfile8.log.gz
   19  -rW-   632743 Jan13202115:13:46           logfile8.log.gz
   20  -rW-   649609 Jan113202120:57:42          logfile9.log.gz

2046728 KB total(867132 KB free)

<Switch>delete.logfilel log gz
Delete cfal:/logfile/logfilel.log gz? [Y/N:y
Deleting ffile cfal:/ogfile/logfilel.loggz· Done.
```

（2）使用非授权账号登录被测设备，检查该用户是否可以查看、输出、删除本地日志信息，非授权用户不可以查看、输出、删除本地日志文件。

第 51 节　管理协议安全

检测方法

该检测项包括如下内容。

1. 安全要求

（1）应支持与管理系统（管理用户）建立安全的通信信道 / 路径，保障通信数据的保密性、完整性。

（2）当被测设备支持 Web 管理时，应支持 HTTPS。

（3）当被测设备支持 SSH 管理时，应支持 SSHv2。

（4）当被测设备支持 SNMP 管理时，应支持 SNMPv3。

（5）应支持使用至少一种非明文数据传输协议对设备进行管理，如 HTTPS、SSHv2、SNMPv3 等。

（6）被测设备应支持关闭 Telnet、SSH、SNMP、Web 等网络管理功能。

2. 预置条件

（1）按测试环境 1 搭建好测试环境。

（2）厂商提供设备支持的安全协议的说明材料。

3. 检测步骤

（1）尝试开启 HTTPS、SSHv2、SNMPv3 等使用非明文数据传输协议的管理功能。

（2）当被测设备支持 Web 管理时，尝试开启 HTTPS 管理功能。

（3）当被测设备支持 SSH 管理时，尝试开启 SSHv2 管理功能。

（4）当被测设备支持 SNMP 管理时，尝试开启 SNMPv3 管理功能。

（5）尝试关闭网络管理功能，例如 Telnet、SSH、SNMP、Web 等。

（6）对被测设备进行文件传输（上传、下载）操作，查看是否支持安全的传输协议，例如 HTTPS、SFTP 等。

4. 预期结果

（1）在检测步骤（1）中，应支持使用至少一种非明文数据传输协议对设备进行管理，如 HTTPS、SSHv2、SNMPv3 等。

（2）在检测步骤（2）中，当被测设备支持 Web 管理时，应支持 HTTPS。

（3）在检测步骤（3）中，当被测设备支持 SSH 管理时，应支持 SSHv2。

（4）在检测步骤（4）中，当被测设备支持 SNMP 管理时，应支持 SNMPv3。

（5）在检测步骤（5）中，被测设备支持关闭 Telnet、SSH、SNMP、Web 等网络管理功能。

（6）在检测步骤（6）中，被测设备支持 HTTPS、SFTP 等安全的传输协议进行文件传输。

第 52 节　协议健壮性安全

检测方法

该检测项包括如下内容。

1. 子检测项 1

（1）安全要求

基础通信协议（如 IPv4/v6、TCP、UDP、ICMPv4/v6 等）应满足通信协议健壮性要求，防范异常报文攻击。

（2）预置条件

厂商提供有关 IPv4/v6、TCP、UDP、ICMPv4/v6 等基础通信协议健壮性测试的材料。

（3）检测步骤

检查有关 IPv4/v6、TCP、UDP、ICMPv4/v6 等基础通信协议健壮性测试的材料。

（4）预期结果

在检测步骤中，厂商提供的基础通信协议健壮性测试的材料可信。

2. 子检测项 2

（1）安全要求

应用层协议（如 SNMPv1/v2c/v3、SSHv1/v2、HTTP/HTTPS、FTP、TFTP、NTP、Openflow 等）应满足通信协议健壮性要求，防范异常报文攻击。

（2）预置条件

厂商提供有关 SNMPv1/v2c/v3、SSHv1/v2、HTTP/HTTPS、FTP、TFTP、NTP、NETCONF、Openflow 等应用层协议健壮性测试的材料。

（3）检测步骤

检查有关 SNMPv1/v2c/v3、SSHv1/v2、HTTP/HTTPS、FTP、TFTP、NTP、NETCONF、Openflow 等应用层协议健壮性测试的材料。设备不支持的应用层协议无须提供相应的测试材料。

（4）预期结果

在检测步骤中，厂商提供的应用层协议健壮性测试的材料可信。

3. 子检测项 3

（1）安全要求

如果支持路由功能，则路由控制协议（如 OSPFv2/v3、BGP4/4+ 等）应满足通信协议健壮性要求，防范异常报文攻击。

（2）预置条件

如果被测设备支持路由功能，厂商提供有关 OSPFv2/v3、BGP4/4+ 等路由控制协议健壮性测试的材料。

（3）检测步骤

如果被测设备支持路由功能，检查有关 OSPFv2/v3、BGP4/4+ 等路由控制协议健壮性测试的材料。

（4）预期结果

在检测步骤中，厂商提供的路由控制协议健壮性测试的材料可信。

第 53 节　　NTP 安全

检测方法

该检测项包括如下内容。

1. 安全要求

被测设备应支持使用 NTP 等实现时间同步功能，并具备安全功能或措施防范针对时间同步功能的攻击，如提供 NTP 认证等功能。

2. 预置条件

（1）按测试环境 1 搭建好测试环境。

（2）厂商提供设备 NTP 等时间同步的说明材料。

（3）被测设备开机正常运行。

3. 检测步骤

配置被测设备，开启 NTP 时间同步功能，并测试其是否具备安全功能或措施防范针对时间同步功能的攻击，如提供 NTP 认证功能。

4. 预期结果

被测设备支持使用 NTP 等实现时间同步功能，具备安全功能或措施防范针对时间同步功能的攻击。

第 54 节　　路由通信协议认证功能

检测方法

该检测项包括如下内容。

1. 安全要求

被测设备如果支持路由功能，则路由通信协议应支持非明文路由认证功能。

2. 预置条件

（1）按测试环境 1 搭建好测试环境。

（2）厂商提供路由通信协议认证功能的说明材料。

3. 检测步骤

（1）按照厂商提供的路由通信协议认证功能的说明材料，配置被测设备，被测设备和数据网络测试仪之间分别启用被测设备支持的所有路由协议，配置被测设备和数据网络测试仪之间协议的非明文认证功能。

（2）数据网络测试仪向被测设备发送特定数据包，验证认证功能是否有效。

4. 预期结果

（1）路由通信协议应支持非明文路由认证功能。

（2）支持本节要求的协议时需测试，不支持时无须测试，厂商应提供设备不支持本项协议的说明。

第55节　TRILL 协议认证功能

检测方法

该检测项包括如下内容。

1. 安全要求

如果被测设备支持 TRILL 协议，应支持协议认证功能，如基于 HMAC-SHA256 等认证。

2. 预置条件

（1）按测试环境 1 搭建好测试环境。

（2）如果被测设备支持 TRILL 协议，厂商提供 TRILL 协议认证功能的说明材料。

（3）被测设备开机正常运行。

3. 检测步骤

被测设备和数据网络测试仪之间启用 TRILL 协议，配置被测设备和数据网络测试仪之间协议的认证功能，分别配置相同的认证凭据和不同的认证凭据。

4. 预期结果

（1）当认证凭据相同时，被测设备和数据网络测试仪之间能建立邻接关系；当认证凭据不同时，则无法建立邻接关系。

（2）支持本节要求的协议时需测试，不支持时无须测试，厂商应提供设备不支持本项协议的说明。

第 56 节　协议声明

检测方法

该检测项包括如下内容。

1. 安全要求

应不存在未声明的私有协议。

2. 预置条件

厂商提供被测设备支持的协议清单以及不存在未声明的私有协议的说明材料。

3. 检测步骤

检查厂商提供的材料，确认是否提供了被测设备支持的协议清单以及不存在未声明的私有协议的说明材料。

4. 预期结果

厂商提供了被测设备支持的协议清单以及不存在未声明的私有协议的说明材料。

第 57 节　重放攻击防范能力

检测方法

该检测项包括如下内容。

1. 安全要求

被测设备应具备抵御常见重放类攻击的能力。

2. 预置条件

按测试环境 1 搭建好测试环境。

3. 检测步骤

（1）配置被测设备，开启相关协议功能。

（2）建立连接关系，抓取并保存认证凭据，通过退出或更改等方式解除连接关系，重新发送保存的认证凭据，查看连接情况。

4. 预期结果

在检测步骤（2）中，连接失败。

第58节　敏感数据保护功能

检测方法

该检测项包括如下内容。

1. 安全要求

被测设备应具备防止数据泄露、防止数据非授权读取和修改的安全功能，对存储在设备上的敏感数据进行安全保护的功能。

2. 预置条件

（1）按测试环境 1 搭建好测试环境。

（2）厂商提供说明材料，说明存储在设备上的敏感数据类型及查看方式。

3. 检测步骤

（1）查看被测设备中的用户口令和协议加密口令，检查是否以密文形式存储或不显示。

（2）在运行系统中查看各类口令，检查是否以密文形式存储或不显示。

（3）查看配置文件中的各类口令，检查是否以密文形式存储或不显示。

4. 预期结果

（1）设备中的用户口令和协议加密口令均以密文形式存储或不显示。

（2）运行系统中的各类口令均显示为密文或不显示。

（3）配置文件中存储的口令均显示为密文或不显示。

第 59 节　数据删除功能

检测方法

该检测项包括如下内容。

1. 安全要求

被测设备应具备对用户产生且存储在设备中的数据（如日志、配置文件等）进行授权删除的功能，支持在删除前对该操作进行确认。

2. 预置条件

（1）按测试环境 1 搭建好测试环境。

（2）根据被测设备登录方式的说明材料，用户使用具有管理员权限的账户登录被测设备。

（3）被测设备应支持包括并不限于如下权限用户：查询权限、配置权限、管理员权限、系统维护权限等。

（4）管理员权限、系统维护权限账户为授权账户，可以删除日志信息。

3. 检测步骤

（1）授权账户对系统运行中生成的日志缓存信息进行删除。

（2）授权账户对系统中存储的日志文件进行删除。

（3）授权账户对系统中存储的配置文件进行删除。

4. 预期结果

（1）授权账户可以成功删除系统运行过程中生成的日志信息。

（2）非授权账户无法删除系统运行过程中生成的日志信息。

（3）授权账户可以成功删除系统中存储的日志文件。

（4）非授权账户无法删除系统中存储的日志文件。

（5）授权账户可以成功删除系统中存储的配置文件。

（6）非授权账户无法删除系统中存储的配置文件。

第 5 章

服务器安全功能检测

第 1 节   硬件标识安全

一、检测方法

该检测项包括如下内容。

1. 安全要求

硬件标识的安全要求见 GB 40050-2021 5.1 a）。

硬件整机和主要部件应具备唯一性标识。

注：路由器、交换机常见的主要部件：主控板卡，业务板卡，交换网板，风扇模块，电源，存储系统软件的板卡、硬盘或闪存卡等。服务器常见的主要部件：中央处理器、硬盘、内存、风扇模块、电源等。

2. 预置条件

厂商提供设备硬件配置的说明材料。

3. 检测步骤

（1）检查硬件整机是否具备唯一性标识。

（2）检查被测设备的主要部件是否具备唯一性标识。一般情况下，服务器常见的主要部件包括中央处理器、硬盘、内存、风扇模块、电源等。

4. 预期结果

（1）硬件整机具备唯一性标识。

（2）主要部件具备唯一性标识。

二、检测实施过程要点

（1）针对服务器整机的标识进行检查，检查的方式可以是核查服务器外观标签中的 SN 号，或是在服务器预装软件系统中以命令查看。以其中一种方式举例，如图 5-1 所示。

QID/SN: 221329734

图5-1　整机唯一性标识

（2）服务器常见的主要部件有中央处理器、硬盘、内存、风扇模块、电源等，检测时要围绕上述主要部件分别验证标识的唯一性。检查的方式可以是核查主要部件外观标签中的 SN 号，或是在服务器预装软件系统中以命令查看。

第2节　软件标识安全

一、检测方法

该检测项包括如下内容。

1. 安全要求

软件标识的安全要求见 GB 40050-2021 5.1 b）。

应对预装软件、补丁包 / 升级包的不同版本进行唯一性标识。

注：常见的版本唯一性标识方式：版本号等。

2. 预置条件

厂商提供设备运行所需的预装软件 / 固件，以及可用的补丁包 / 升级包。

3. 检测步骤

（1）检查预装软件 / 固件是否具备唯一性标识。

（2）检查补丁包 / 升级包是否具备唯一性标识。

4. 预期结果

（1）预装软件 / 固件具备唯一性标识。

（2）补丁包 / 升级包具备唯一性标识。

二、检测实施过程要点

预装软件的唯一性标识一般是指软件的 MD5 值，也可以是分配给预装软件的唯一版本号。测试过程中要针对被测设备当前运行的软件版本进行核查，确认该版本的标识是唯一的。在检测过程中测试版本标识是唯一的，则判定被测设备预装软件符合唯一性标识要求。

此外，还要对软件补丁包的唯一性标识进行核查，步骤和方法与核查预装软件一致。

在检测过程中测试补丁包版本标识是唯一的，则判定被测设备软件补丁包具备唯一性标识要求。

第 3 节　设备冗余和自动切换功能

网络关键设备整机应支持主备切换功能或关键部件应支持冗余功能。网络关键设备应至少通过设备冗余和自动切换功能（整机冗余）以及设备冗余和自动切换功能（部件冗余）中的一项测试。

一、检测方法

1. 设备冗余和自动切换功能（整机冗余）

该检测项包括如下内容。

（1）安全要求

设备冗余和自动切换功能（整机冗余）的安全要求见 GB 40050-2021 5.2 a）。

设备整机应支持主备切换功能或关键部件应支持冗余功能，应提供自动切换功能，在设备或关键部件运行状态异常时，切换到冗余设备或冗余部件以降低安全风险。

注：路由器、交换机常见的支持冗余功能的关键部件：主控板卡、交换网板、电源模块、风扇模块等。服务器常见的支持冗余功能的关键部件：硬盘、电源模块、风扇模块等。

（2）预置条件

① 按测试环境 2 搭建好测试环境。

② 两台设备分别配置为主用设备与备用设备或负载分担模式。

（3）检测步骤

① 数据网络测试仪两对端口之间发送背景流量或与多台设备进行输入/输出控制。

② 下线主用设备或负载分担模式下的被测设备 1。

③ 查看数据流量或输入/输出控制是否自动切换到备用设备或负载分担模式下的被测设备 2。

④ 重新上线主用设备或负载分担模式下的被测设备 1。

⑤ 主用设备或负载分担模式下的被测设备 1 恢复正常运行后，查看数据流量状态或输入/输出控制状态是否正常。

（4）预期结果

① 在检测步骤③中，备用设备或负载分担模式下的被测设备 2 能自动启用，数据流量或输入 / 输出控制能切换到备用设备或负载分担模式下的被测设备 2 上。

② 在检测步骤⑤中，主用设备或负载分担模式下的被测设备 1 能正常运行，且数据流量状态或输入 / 输出控制状态正常。

2. 设备冗余和自动切换功能（部件冗余）

该检测项包括如下内容。

（1）安全要求

设备冗余和自动切换功能（部件冗余）的安全要求见 GB 40050-2021 5.2 a）。

设备整机应支持主备切换功能或关键部件应支持冗余功能，应提供自动切换功能，在设备或关键部件运行状态异常时，切换到冗余设备或冗余部件以降低安全风险。

注： 路由器、交换机常见的支持冗余功能的关键部件：主控板卡、交换网板、电源模块、风扇模块等。服务器常见的支持冗余功能的关键部件：硬盘、电源模块、风扇模块等。

（2）预置条件

① 厂商提供支持冗余和自动切换的部件清单。

② 按测试环境 1 搭建好测试环境。

③ 被测设备关键部件配置冗余。

（3）检测步骤

① 核查服务器是否对电源、风扇、硬盘等部件进行了冗余设计。

② 对电源、风扇、硬盘等部件进行热插拔操作，验证其是否有效。

（4）预期结果

① 服务器的电源、风扇、硬盘等部件采用了冗余设计。

② 服务器的电源、风扇、硬盘等部件进行热插拔操作后，服务器仍能正常运行。

二、检测实施过程要点

1. 设备冗余和自动切换功能（整机冗余）

通常情况下，服务器不支持整机冗余的模式，在支持时一般配置两台服务器为双机主备模式，在主用设备和备用设备上查看主备状态及设备使用情况。关掉主用设备电源，查看备用设备的工作状态和使用情况。

2. 设备冗余和自动切换功能（部件冗余）

检查服务器的电源、风扇、硬盘等部件是否采用了冗余设计，如图 5-2 和图 5-3 所示。

图5-2　电源冗余设计

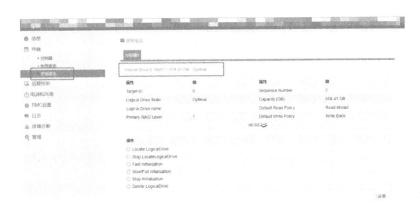

图5-3　硬盘冗余设计

对服务器的电源、风扇、硬盘等部件进行热插拔操作后，查看服务器设备是否仍能正常运行，如图 5-4 ～图 5-6 所示。

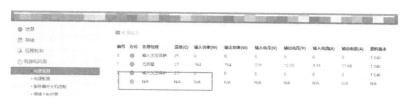

图5-4 电源热插拔

图5-5 风扇热插拔

图5-6 硬盘热插拔

第 4 节 备份与恢复功能

一、检测方法

该检测项包括如下内容。

1. 安全要求

备份与恢复功能的安全要求见 GB 40050-2021 5.2 b）。

被测设备应支持对预装软件、配置文件的备份与恢复功能，使用恢复功能时支持对预装软件、配置文件的完整性检查。

2. 预置条件

按测试环境 1 搭建好测试环境。

3. 检测步骤

（1）被测设备正常工作。

（2）分别针对预装软件、配置文件执行备份操作。

（3）清空或重置设备配置，保存并重启设备。

（4）恢复预装软件到被测设备并重启设备，查看设备是否能够以预装软件启动，并恢复到正常工作状态。

（5）恢复配置文件到被测设备，查看设备配置是否恢复到备份前的工作状态。

（6）修改备份的预装软件和配置文件，并重复检测步骤（4）和检测步骤（5）。

4. 预期结果

（1）在检测步骤（2）中，软件和配置文件备份成功。

（2）在检测步骤（4）中，恢复的软件工作正常。

（3）在检测步骤（5）中，设备配置与备份前的配置一致。

（4）在检测步骤（6）中，设备能够检测到软件和配置已被修改。

二、检测实施过程要点

通常情况下，服务器的软件可以在设备 BMC（基板管理控制器）中备份 2 个镜像文件，如图 5-7 所示。

图5-7　软件备份

可以选择使用备份软件（镜像2）对服务器设备进行重启并加载固件，如图 5-8 所示。

图5-8　通过备份软件启动服务器设备

恢复备份软件后能够以备份软件启动服务器设备，并恢复到正常工作状态，如图 5-9 所示。

图5-9　服务器设备恢复到正常工作状态

配置文件可以通过导出的方式进行备份，如图 5-10 所示。

图5-10 配置文件备份

将备份的配置文件恢复到服务器设备，设备配置可以恢复到备份前的工作状态，如图 5-11 和图 5-12 所示。

用户ID	用户名	用户组	用户权限	操作权限	电子邮箱ID
1	admin	Administrator	Enabled	administrator	
2	~	~	~	~	~
3	test	Administrator	Enabled	administrator	
4	~	~	~	~	~

图5-11 配置文件备份前的工作状态

用户ID	用户名	用户组	用户权限	操作权限	电子邮箱ID
1	admin	Administrator	Enabled	administrator	
2	~	~	~	~	~
3	test	Administrator	Enabled	administrator	
4	~	~	~	~	~
5	~	~	~	~	~

图5-12 配置文件备份后的工作状态

修改服务器设备的预装软件并上传，校验失败，不能正常启动服务器设备，如图 5-13 所示。

图5-13 校验失败

第 5 节　异常状态识别与提示功能

一、检测方法

该检测项包括如下内容。

1. 安全要求

异常状态识别与提示功能的安全要求见 GB 40050-2021 5.2 c）。

被测设备应支持识别异常状态，产生相关错误提示信息。

2. 预置条件

按测试环境 1 搭建好测试环境。

3. 检测步骤

分别模拟服务器 CPU、硬盘、内存出现故障，验证服务器故障定位功能是否有效。

4. 预期结果

服务器可对出现故障的 CPU、硬盘、内存进行提示和定位，如通过声、光、电、日志记录等。

二、检测实施过程要点

分别模拟服务器设备硬盘、内存、CPU 故障，触发日志告警，如图 5-14 所示。

图5-14　日志告警

发生故障后，服务器设备能够提供告警信息，设备可以正常工作。

第6节　漏洞扫描

检测方法

该检测项包括如下内容。

1. 安全要求

漏洞扫描的安全要求见 GB 40050-2021 5.3 a）。

不应存在已公布的漏洞或具备补救措施防范漏洞安全风险。

2. 预置条件

（1）按测试环境 1 搭建好测试环境。

（2）厂商提供具有管理员权限的账号，用于登录被测设备的操作系统。

（3）按照产品说明书进行初始配置，并启用相关的协议和服务。

（4）扫描所使用的工具及其知识库需使用最新版本。

3. 检测步骤

典型的漏洞扫描方式包括系统漏洞扫描、Web 应用漏洞扫描等，扫描应覆盖具有网络通信功能的各类接口。

（1）系统漏洞扫描

利用系统漏洞扫描工具，通过具有网络通信功能的各类接口分别对被测设备系统进行扫描（包含登录扫描和非登录扫描两种方式），查看扫描结果。

（2）Web 应用漏洞扫描（设备不支持 Web 功能时不适用）

利用 Web 应用漏洞扫描工具对支持 Web 应用的网络接口进行扫描（包含登录扫描和非登录扫描两种方式），查看扫描结果。

（3）对于通过以上扫描发现的安全漏洞，检查是否具备补救措施。

4. 预期结果

分析扫描结果，没有发现安全漏洞；或者分析扫描结果发现了安全漏洞，针对发现的漏洞具备相应的补救措施。

第 7 节　恶意程序扫描

检测方法

该检测项包括如下内容。

1. 安全要求

恶意程序扫描的安全要求见 GB 40050-2021 5.3 b）。

预装软件、补丁包 / 升级包不应存在恶意程序。

2. 预置条件

（1）按测试环境 1 搭建好测试环境。

（2）厂商提供具有管理员权限的账号，用于登录被测设备的操作系统。

（3）按照产品说明书进行初始配置，并启用相关的协议和服务，准备开始扫描。

（4）扫描所使用的工具需使用最新版本。

3. 检测步骤

使用两个不同的恶意程序扫描工具对被测设备预装软件、补丁包 / 升级包进行扫描，查看是否存在恶意程序。

4. 预期结果

未发现被测设备的预装软件、补丁包 / 升级包存在恶意程序。

第8节 设备功能和访问接口声明

一、检测方法

该检测项包括如下内容。

1. 安全要求

设备功能和访问接口声明的安全要求见 GB 40050-2021 5.3 c）。

被测设备不应存在未声明的功能和访问接口（含远程调试接口）。

2. 预置条件

（1）厂商提供设备所支持的功能和访问接口清单。

（2）厂商提供具有管理员权限的账号。

（3）厂商说明中应明确不存在未声明的功能和访问接口。

3. 检测步骤

登录相关监控管理界面，查看部分关键部件的温度、电压及风扇转速等实时监控数据。

4. 预期结果

服务器提供监控管理界面，可查看到部分关键部件的温度、电压及风扇转速等实时监控数据，且监控数据真实有效。

二、检测实施过程要点

采用扫描的方式查看被测的服务器设备与提供的清单一致性。端口扫描结果如图 5-15 所示。

图5-15　端口扫描结果

第9节　预装软件启动完整性校验功能

一、检测方法

该检测项包括如下内容。

1. 安全要求

预装软件启动完整性校验功能的安全要求见 GB 40050-2021 5.4 a）。

被测设备应支持启动时完整性校验功能，确保系统软件不被篡改。

2. 预置条件

（1）按测试环境 1 搭建好测试环境。

（2）厂商在被测设备中预先安装系统软件包。

3. 检测步骤

破坏预装系统软件的完整性，重启设备。

4. 预期结果

在检测步骤中，设备应有告警提示信息且无法正常启动。

二、检测实施过程要点

任意修改或破坏服务器设备的 BMC 软件。

在服务器设备上加载并更新已被破坏的 BMC 软件，设备更新机制能识别到破坏的镜像文件，提示更新失败，如图 5-16 所示。

图5-16　镜像校验失败提示

第 10 节　更新功能

一、检测方法

该检测项包括如下内容。

1. 安全要求

更新功能的安全要求见 GB 40050-2021 5.4 b）。

被测设备应支持设备预装软件的更新功能。

2. 预置条件

（1）按测试环境 1 搭建好测试环境。

（2）厂商提供被测设备预装软件。

（3）厂商提供用于更新的软件包。

3. 检测步骤

检查预装软件是否可进行更新。

4. 预期结果

预装软件可成功更新。

二、检测实施过程要点

服务器在 BMC 上传更新软件，并通过校验上传成功，如图 5-17 所示。

图5-17 更新软件上传成功

服务器设备软件可以正常更新，如图 5-18 所示。

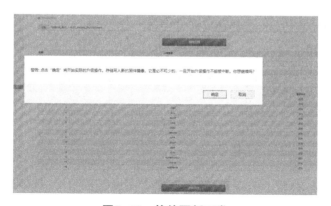

图5-18 软件更新正常

第11节　更新操作安全功能

一、检测方法

该检测项包括如下内容。

1. 安全要求

更新操作安全功能的安全要求见 GB 40050-2021 5.4 c）。

被测设备应具备保障软件更新操作安全的功能。

注：保障软件更新操作安全的功能包括用户授权、更新操作确认、更新过程控制等。例如，仅指定授权用户可实施更新操作，实施更新操作的用户需经过二次鉴别，支持用户选择是否进行更新，对更新操作进行二次确认或延时生效等。

2. 预置条件

（1）按测试环境 1 搭建好测试环境。

（2）厂商提供用户手册。

3. 检测步骤

核查服务器引导固件和带外管理模块固件的更新操作是否提供用户授权机制，如更新确认按钮等，并验证其是否有效。

4. 预期结果

服务器引导固件和带外管理模块固件的更新操作提供了用户授权机制，并在用户授权后才能执行更新操作。

二、检测实施过程要点

服务器设备 BMC 执行更新操作时，具有高级权限的用户可以升级，如图 5-19 所示。

图5-19　具有高级权限的用户可以升级

进行更新操作时，可以对用户采用二次鉴别的方式进行确认，如图 5-20 所示。

图5-20　二次鉴别用户信息

第 12 节　软件更新防篡改功能

一、检测方法

该检测项包括如下内容。

1. 安全要求

软件更新防篡改功能的安全要求见 GB 40050-2021 5.4 d）。

被测设备应具备防范软件在更新过程中被篡改的安全功能。

注：防范软件在更新过程中被篡改，安全功能包括采用非明文的信道传输更新数据、支持软件包完整性校验等。

2. 预置条件

（1）按测试环境 1 搭建好测试环境。

（2）厂商提供预装软件更新包、更新说明材料。

3. 检测步骤

（1）被测设备支持网络更新方式时，配置被测设备开启更新，并尝试获取软件更新包，在更新过程中抓取数据包，查看是否为非明文数据。

（2）修改厂商提供的预装软件更新包并尝试更新，检查是否可以完成更新过程。

4. 预期结果

（1）被测设备支持网络更新方式时，设备可获取所需要的软件更新包，更新数据传输通道支持加密传输，数据包被加密，非明文传输。

（2）修改后的预装软件更新包无法完成更新过程。

二、检测实施过程要点

修改服务器设备预装软件包。

服务器设备 BMC 的更新机制能识别到被破坏的镜像文件，可以提示更新失败。

第 13 节　更新过程告知功能

检测方法

该检测项包括如下内容。

1. 安全要求

更新过程告知功能的安全要求见 GB 40050-2021 5.4 e）。

应有明确的信息告知用户软件更新过程的开始、结束及更新的内容。

2. 预置条件

（1）按测试环境 1 搭建好测试环境。

（2）厂商提供的被测设备有预装软件更新的能力。

3. 检测步骤

（1）检查是否对此次更新的内容进行说明，可以通过文档或软件提示信息等方式进行说明。

（2）检查被测设备是否具备更新过程开始提示信息和更新过程结束提示信息。

4. 预期结果

（1）被测设备具备更新的内容说明。

（2）被测设备具备更新过程开始提示信息和更新过程结束提示信息。

第 14 节　身份标识和鉴别功能

一、检测方法

该检测项包括如下内容。

1. 安全要求

身份标识和鉴别功能的安全要求见 GB 40050-2021 5.5 a）。

被测设备应对用户进行身份标识和鉴别，身份标识应具有唯一性。

2. 预置条件

（1）按测试环境 1 搭建好测试环境。

（2）厂商提供被测设备的管理账号和口令。

3. 检测步骤

登录带外管理模块固件，查看已有的用户列表，并尝试创建同名用户。

4. 预期结果

无法创建同名用户，身份标识可保证唯一性。

二、检测实施过程要点

在服务器设备上查看当前用户情况，如图 5-21 所示。

用户ID	用户名	用户组	用户权限	操作权限	电子邮箱ID
1	admin	Administrator	Enabled	administrator	
2	--	--	--	--	--
3	--	--	--	--	--
4	--	--	--	--	--
5	--	--	--	--	--
6	--	--	--	--	--
7	--	--	--	--	--

图5-21　查看当前用户情况

服务器设备不能创建相同的用户名，身份标识可保证唯一性，如图 5-22 所示。

图5-22　不能创建相同的用户名

第 15 节 口令安全——默认口令、口令生存周期

一、检测方法

该检测项包括如下内容。

1. 安全要求

口令安全——默认口令、口令生存周期的安全要求见 GB 40050-2021 5.5 b）。

使用口令鉴别方式时，应支持首次管理设备时强制修改默认口令或设置口令，或支持随机的初始口令，支持设置口令生存周期。

2. 预置条件

（1）按测试环境 1 搭建好测试环境。

（2）厂商提供口令鉴别方式相关的说明文档，包括但不限于默认设备管理方式、默认口令、口令生存周期等内容。

（3）被测设备处于出厂默认配置状态。

3. 检测步骤

（1）若被测设备存在默认口令，则使用默认账号登录被测设备，检查被测设备是否强制修改默认口令或使用随机的初始口令。

若被测设备不存在默认口令，则检查是否强制设置口令。

（2）检查被测设备是否支持设置口令生存周期。

4. 预期结果

首次管理关键设备时，系统提示强制修改默认口令或者设置口令，或支持随机的初始口令，支持设置口令生存周期。

二、检测实施过程要点

在首次管理服务器设备时，系统应能够提示强制修改默认口令，如图 5-23 所示。

图5-23　系统提示强制修改默认口令

服务器设备设置口令生存周期，如图 5-24 所示。

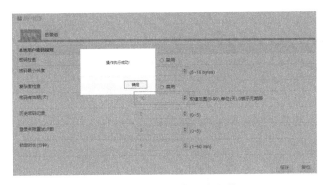

图5-24　设置口令生存周期

等待口令过期后再次登录设备，提示认证失败，如图 5-25 所示。

认证失败，请检查您的用户名和密码/证书是否正确!

确定

图5-25　认证失败

第 16 节　口令安全——口令复杂度、口令显示

一、检测方法

该检测项包括如下内容。

1. 安全要求

口令安全——口令复杂度、口令显示的安全要求见 GB 40050-2021 5.5 b）和 GB 40050-2021 5.5 c）。

（1）被测设备支持口令复杂度检查功能，口令复杂度检查包括口令长度检查、口令字符类型检查、口令与账号无关性检查中的至少一项。

注：不同类型的网络关键设备口令复杂度要求和实现方式不同。常见的口令长度要求：口令长度不小于 8 位。常见的口令字符类型：包含数字、小写字母、大写字母、标点符号、特殊符号中的至少两种。常见的口令与账号无关性要求：口令不包含账号等。

（2）用户输入口令时，不应明文回显口令。

2. 预置条件

（1）按测试环境 1 搭建好测试环境。

（2）厂商提供口令鉴别方式相关的说明文档，包括但不限于口令复杂度、口令保护、设备管理方式等内容。

3. 检测步骤

在带外管理模块固件中通过创建新用户或修改用户口令，验证是否对口令的复杂度进行了校验。

4. 预期结果

创建新用户时自动生成或设置口令，以及修改用户口令时，均对口令复杂度进行了校验或满足复杂度的要求，即口令长度不小于 8 位，包含的字符类型不少于两种。

二、检测实施过程要点

服务器设备 BMC 口令复杂度规则可以在设置时查看，如图 5-26 所示。

服务器设备 BMC 在创建用户时对口令复杂度进行检测，如口令不符合规则会出现提示信息，如图 5-27 所示。

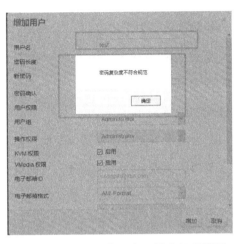

图5-26　口令复杂度规则　　**图5-27　新建用户口令不符合规则提示**

服务器设备 BMC 在修改已有用户口令时对口令复杂度进行检测，如密码不符合规则会出现提示信息，如图 5-28 所示。

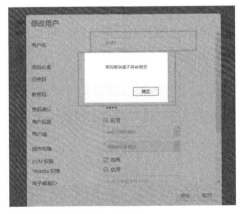

图5-28　修改的用户口令不符合规则提示

第 17 节　用户鉴别信息猜解攻击防范功能

一、检测方法

该检测项包括如下内容。

1. 安全要求

用户鉴别信息猜解攻击防范功能的安全要求见 GB 40050-2021 5.5 d)。

被测设备应支持启用安全策略或具备安全功能，以防范用户鉴别信息猜解攻击。

注：常见的防范用户鉴别信息猜解攻击的安全策略或安全功能包括默认开启口令复杂度检查功能、限制连续的非法登录尝试次数或支持限制管理访问连接的数量、双因素鉴别（如口令＋证书、口令＋生物鉴别等）等措施，当出现鉴别失败时，设备提供无差别反馈，避免提示"用户名错误""口令错误"等类型的具体信息。

2. 预置条件

（1）按测试环境 1 搭建好测试环境。

（2）厂商提供防范用户鉴别信息猜解攻击功能的说明。

3. 检测步骤

尝试使用错误的信息登录，验证带外管理模块固件鉴别失败处理功能是否有效。

4. 预期结果

当达到非法登录尝试次数时，设备会采用安全措施，如锁定账号或限制账号登录时限等。

二、检测实施过程要点

服务器设备在登录 BMC 用户时，输入口令错误时系统会提示错误且登录失败，如图 5-29 所示。

服务器 BMC 用户登录超出错误次数时，系统将该账户锁定，如图 5-30 所示。

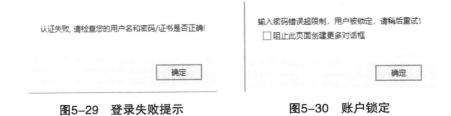

| 图5-29　登录失败提示 | 图5-30　账户锁定 |

第18节　会话空闲时间过长防范功能

一、检测方法

该检测项包括如下内容。

1. 安全要求

会话空闲时间过长防范功能安全要求见 GB 40050-2021 5.5 e）。

被测设备应支持启用安全策略或具备安全功能，以防止用户登录设备后会话空闲时间过长。

注：常见的防止用户登录设备后会话空闲时间过长的安全策略或安全功能包括登录用户空闲超时后自动退出等。

2. 预置条件

（1）按测试环境 1 搭建好测试环境。

（2）厂商提供会话空闲超时控制策略、相关的配置及设备管理方式的说明。

3. 检测步骤

登录带外管理模件固件，配置会话超时时间，验证超时后是否正常退出会话。

4. 预期结果

当登录设备会话超时后，系统将自动退出会话并清除登录会话信息。

二、检测实施过程要点

服务器设备 BMC 设置被测设备的超时时间，如图 5-31 所示。

#	服务名称	当前状态	接口	非安全端口号	安全端口号	超时(s)	最大会话数	有效会话数
1	web	有效	both	80	443	300	20	1

图5-31　设置被测设备的超时时间

在会话超过设置的时间后，再次登录，会话显示已经退出，如图 5-32 所示。

图5-32　会话退出

第 19 节　身份鉴别信息安全保护功能

一、检测方法

该检测项包括如下内容。

1. 安全要求

身份鉴别信息安全保护功能的安全要求见 GB 40050-2021 5.5 f)。

被测设备应对用户身份鉴别信息进行安全保护，保障用户鉴别信息存储的保密性，以及在传输过程中的保密性和完整性。

2. 预置条件

（1）按测试环境 1 搭建好测试环境。

（2）厂商提供所有关于身份鉴别信息安全存储、安全传输的操作说明。

3. 检测步骤

核查服务器引导固件和带外管理模块固件中鉴别信息的存储方式。

4. 预期结果

服务器引导固件和带外管理模块固件中的鉴别信息采用了加密存储方式。

二、检测实施过程要点

服务器设备 BIOS 创建和修改口令界面口令以加密形式显示，如图 5-33 所示。

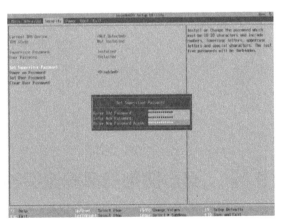

图5-33　BIOS创建和修改口令界面

服务器设备 BIOS 使用口令登录时，界面口令以加密形式显示，如图 5-34 所示。

服务器设备 BMC 登录界面口令以加密形式显示，如图 5-35 所示。

图5-34　BIOS界面　　　　　　　图5-35　BMC登录界面

服务器设备 BMC 固件更新界面认证口令以加密形式显示，如图 5-36 所示。

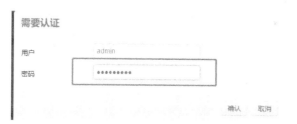

图5-36　BMC固件更新界面

服务器合并 BMC 修改口令界面口令以加密形式显示，如图 5-37 所示。

图5-37　BMC修改口令界面

第 20 节　默认开放服务和端口

检测方法

该检测项包括如下内容。

1. 安全要求

默认开放服务和端口的安全要求见 GB 40050-2021 5.6 a）。

在默认状态下，被测设备应仅开启必要的服务和对应的端口，应明示所有默认开启的服务、对应的端口及用途，应支持用户关闭默认开启的服务和对应的端口。

2. 预置条件

（1）按测试环境 1 搭建好测试环境。

（1）设备以默认状态运行，默认状态为设备出厂设置时的配置状态。

（2）厂商提供所有默认开启的服务、对应的端口及用途、管理员权限账号的说明材料。

3. 检测步骤

（1）通过相关文档，核查服务器带外管理模块固件开放端口和服务列表，以及用途的描述是否完整、正确。

（2）通过端口扫描、查看服务进程等技术手段，核查是否存在其他未声明的开放端口和服务。

4. 预期结果

（1）对服务器带外管理模块固件开放端口和服务列表，以及对其用途进行了完整、正确的说明。

（2）未发现未声明的开放端口和服务。

第 21 节　　开启非默认开放服务和端口

一、检测方法

该检测项包括如下内容。

1. 安全要求

开启非默认开放服务和端口的安全要求见 GB 40050-2021 5.6 b）。

非默认开放的端口和服务，应在用户知晓且同意后才可启用。

2. 预置条件

（1）按测试环境 1 搭建好测试环境。

（2）设备以默认状态运行，默认状态为设备出厂设置时的配置状态。

（3）厂商提供设备非默认开放端口和服务对应关系的说明材料。

（4）厂商提供说明材料，说明开启非默认开放端口和服务的配置方式，以及如何让用户知晓和同意开启非默认开放的端口和服务。

3. 检测步骤

按照厂商提供的说明材料配置被测设备，开启非默认开放的端口和服务，确认是否经过用户知晓且同意才可启用。

4. 预期结果

非默认开放的端口和服务，应在用户知晓且同意后才可启用。

二、检测实施过程要点

非默认开放的端口和服务，需要有权限的用户自行开启，如图 5-38 所示。

图5-38 非默认开放的端口和服务需要有权限的用户自行开启

开启后，使用端口扫描工具对服务器设备带外管理口进行扫描，验证是否开启了相关端口，如图 5-39 所示。

图5-39 开启后验证端口的开放情况

第 22 节　受控资源访问控制功能

一、检测方法

该检测项包括如下内容。

1. 安全要求

受控资源访问控制功能的安全要求见 GB 40050-2021 5.6 c）。

在用户访问受控资源时，被测设备支持设置访问控制策略并依据设置的控制策略进行授权和访问控制，确保访问和操作安全。

注 1：受控资源指需要授予相应权限才可访问的资源。

注 2：常见的访问控制策略包括通过 IP 地址绑定、MAC 地址绑定等安全策略限制可访问的用户等。

2. 预置条件

（1）按测试环境 1 搭建好测试环境。

（2）厂商提供受控资源访问控制功能的相关配置说明。

3. 检测步骤

（1）按照厂商提供的配置说明对被测设备进行配置，对受控资源仅授权用户可访问，非授权用户不能访问。

（2）使用配置的用户对受控资源进行访问，确认仅授权用户可访问，非授权用户不能访问。

4. 预期结果

（1）配置成功。

（2）仅授权用户可访问受控资源，非授权用户不能访问。

二、检测实施过程要点

（1）对服务器设备进行受控资源访问控制配置，仅授权用户可访问，非授权用户不能访问，如图 5-40 所示。

图5-40 配置用户权限

（2）授权用户可以访问受控资源，非授权用户不可以访问受控资源。

第23节 用户权限管理功能

一、检测方法

该检测项包括如下内容。

1. 安全要求

用户权限管理功能的安全要求见 GB 40050-2021 5.6 d）。

被测设备应提供用户分级、分权控制机制。对涉及设备安全的重要功能，仅授权的高权限等级用户可以使用。

注：常见的涉及设备安全的重要功能包括补丁管理、固件管理、日志审计、时间同步等。

2. 预置条件

（1）按测试环境 1 搭建好测试环境。

（2）厂商提供所有默认账号信息及设备管理方式说明。

3. 检测步骤

（1）分别添加或使用不同权限等级的两个用户 user1、user2。

（2）为 user1 配置低等级权限，仅具有修改自己的口令、状态查询等权限，不支持配置系统信息，不支持涉及设备安全的重要功能如补丁管理、固件管理、日志审计、时间同步等权限。

（3）为 user2 配置高等级权限，具有涉及设备安全的重要功能如补丁管理、固件管理、日志审计、时间同步等权限。

（4）分别使用 user1、user2 登录设备，对设备进行修改自己的口令、状态查询、补丁管理、固件管理、日志审计、时间同步等配置或操作。

4. 预期结果

（1）在检测步骤（1）中成功添加两个用户。

（2）在检测步骤（4）中，user1 仅可修改自己的口令、进行状态查询等基本操作，不支持配置系统信息，不支持涉及设备安全的重要功能如补丁管理、固件管理、日志审计、时间同步等配置或操作；user2 支持涉及设备安全的重要功能如补丁管理、固件管理、日志审计、时间同步等配置或操作。

二、检测实施过程要点

（1）在服务器中分别添加 user1 和 user2 两个用户，如图 5-41 所示。

用户ID	用户名	用户组	用户权限	操作权限
1	admin	Administrator	Enabled	administrator
2	user1	Operator	Enabled	operator
3	user2	Administrator	Enabled	administrator

图5-41　添加用户

（2）使用 user1 登录设备，可以修改自己的口令，如图 5-42 所示。

修改用户

用户名	user1
	☐ 改变密码
密码长度	16 Bytes　　20 Bytes
旧密码	
新密码	
密码确认	
用户权限	启用
用户组	Operator
操作权限	Operator
KVM 权限	☑ 启用
VMedia 权限	☑ 启用
电子邮箱ID	example@test.com

图5-42　修改user1口令

user1 可以对服务器进行状态查询。

user1 无固件管理权限。

user1 无审计操作权限，如图 5-43 所示。

211	06/17/2021 08:52:35	IEIB4055D48981D	From IP:192.168.1.122 User:test HTTPS Login Success
212	06/17/2021 08:53:21	IEIB4055D48981D	From IP:192.168.1.122 User:test HTTPS Logout Success
213	06/17/2021 08:53:29	IEIB4055D48981D	From IP:192.168.1.122 User:admin HTTPS Login Success
214	06/17/2021 08:57:35	IEIB4055D48981D	From IP:192.168.1.122 User:admin Operation: Add User (Name:user1) (ID:2) Success
215	06/17/2021 08:57:54	IEIB4055D48981D	From IP:192.168.1.122 User:admin Operation: Modify User (Name:user2) (ID:3) Success
216	06/17/2021 08:58:24	IEIB4055D48981D	From IP:192.168.1.122 User:admin HTTPS Logout Success
217	06/17/2021 08:58:33	IEIB4055D48981D	From IP:192.168.1.122 User:user1 HTTPS Login Success
218	06/17/2021 09:04:22	IEIB4055D48981D	From IP:192.168.1.122 User:user1 HTTPS Logout Success
219	06/17/2021 09:04:29	IEIB4055D48981D	From IP:192.168.1.122 User:user2 HTTPS Login Success
220	06/17/2021 09:07:04	IEIB4055D48981D	From IP:192.168.1.122 User:user2 HTTPS Logout Success
221	06/17/2021 09:07:17	IEIB4055D48981D	From IP:192.168.1.122 User:user1 HTTPS Login Success
222	06/17/2021 09:08:53	IEIB4055D48981D	From IP:192.168.1.122 User:user1 HTTPS Logout Success
223	06/17/2021 09:09:11	IEIB4055D48981D	From IP:192.168.1.122 User:admin HTTPS Login Success
224	06/17/2021 09:09:50	IEIB4055D48981D	From IP:192.168.1.122 User:admin Operation: Add User (Name:user3) (ID:4) Success
225	06/17/2021 09:09:56	IEIB4055D48981D	From IP:192.168.1.122 User:admin HTTPS Logout Success
226	06/17/2021 09:10:05	IEIB4055D48981D	From IP:192.168.1.122 User:user3 HTTPS Login Success

导出日志　　清除日志

图5-43　user1无审计操作权限

user1 无 NTP 操作权限，如图 5-44 所示。

图5-44 user1无NTP操作权限

user2 支持时间同步操作，如图 5-45 所示。

图5-45 user2支持时间同步操作

第 24 节 日志记录和要素

一、检测方法

该检测项包括如下内容。

1. 安全要求

日志记录和要素的安全要求见 GB 40050-2021 5.7 a）、GB 40050-2021 5.7c）

和 GB 40050-2021 5.7 f)。

（1）被测设备应提供日志审计功能，对用户关键操作行为和重要安全事件进行记录，应支持对影响设备运行安全的事件进行告警提示。

注：常见的用户关键操作包括增加／删除账户、修改鉴别信息、修改关键配置、文件上传／下载、用户登录／注销、用户权限修改、重启／关闭设备、编程逻辑下载、运行参数修改等。

（2）日志审计功能应记录必要的日志要素，为查阅和分析提供足够的信息。

注：常见的日志要素包括事件发生的日期和时间、主体、类型、结果、源 IP 地址等。

（3）不应在日志中明文或弱加密记录敏感数据。

注：常见的弱加密方式包括信息摘要算法（MD5）、Base64 等。

2. 预置条件

（1）按测试环境 1 搭建好测试环境。

（2）厂商提供包括管理员等所有账号信息。

（3）厂商提供日志记录功能的相关说明，包括记录的事件类型、要素等。

3. 检测步骤

（1）在带外管理模块固件上分别执行登录、注销、系统开关机、用户创建、删除、口令修改等操作，查看审计日志是否记录其行为。

（2）查看检测步骤（1）中审计记录的详细信息。

4. 预期结果

（1）在服务器带外管理模块固件上进行的登录、注销、系统开关机、用户创建、删除、口令修改等操作行为均被记录了，并在审计记录中可查看相关信息。

（2）审计日志时间包含发生的日期和时间、用户名、事件描述（包括类型、操作结果）、IP 地址或主机名（采用远程管理方式时）等。

二、检测实施过程要点

（1）在服务器带外管理固件模块上进行的登录、注销、系统开关机、用户创建、删除、口令修改等操作行为均被记录了，并可在审计记录中查看相关信息，如图 5-46 所示。

图5-46　日志记录

（2）审计日志事件包含发生的日期和时间、用户名、事件描述、IP 地址或主机名等。日志要素如图 5-47 所示。

图5-47　日志要素

第 25 节　日志信息本地存储安全

一、检测方法

该检测项包括如下内容。

1. 安全要求

日志信息本地存储的安全要求见 GB 40050-2021 5.7 b）和 GB 40050-2021 5.7e）。

被测设备应提供日志信息本地存储功能，以及本地日志存储空间耗尽处理功能。

注：本地日志存储空间耗尽时常见的处理功能包括剩余存储空间低于阈值时进行告警、循环覆盖等。

2. 预置条件

（1）按测试环境 1 搭建好测试环境。

（2）厂商提供包括管理员等所有账号信息。

（3）厂商提供日志存储空间告警阈值设置信息、触发日志循环覆盖的条件（如日志记录数量的最大值、日志文件存储最大值等）说明。

3. 检测步骤

（1）使用具有管理员权限的账号登录被测设备。

（2）反复进行触发日志记录行为的操作（如登录、退出等），直到日志记录剩余存储空间低于阈值，或达到触发日志循环覆盖的条件（如日志记录条目数达到最大值或日志文件存储达到最大值）。

（3）查看日志是否进行了本地存储。

（4）如被测设备支持剩余日志存储空间低于阈值时进行告警的功能，查看检测步骤（2）是否产生了日志记录剩余存储空间低于阈值的告警；如被测设备支持循环覆盖，查看检测步骤（2）中的操作是否产生了日志覆盖，且应是最新产生的日志对最早产生的日志进行覆盖。

4. 预期结果

（1）在检测步骤（3）中，能够看到被测设备本地存储的日志信息。

（2）在检测步骤（4）中，产生了日志记录剩余存储空间低于阈值的告警或实现了日志的循环覆盖。

二、检测实施过程要点

（1）在服务器中查看能本地存储的日志，如图 5-48 所示。

事件ID	时间戳	主机名	描述
1	05/13/2021 09:45:48	IEIB4055D48981D	IPMI[HOST][NA]Operation:Set System Boot Options NetFn 0 CMD 0x8 Req 0x5 0 0 0 0 0 Rsp:0. Success
2	05/13/2021 09:45:48	IEIB4055D48981D	IPMI[HOST][NA]Operation:Set System Boot Options NetFn 0 CMD 0x8 Req 0x4 0x1 0 Rsp:0. Success
3	05/13/2021 09:49:21	IEIB4055D48981D	From IP: 192.168.1.104 User: admin Operation: Switch BIOS active flash to image-1 Success
4	05/13/2021 09:51:30	IEIB4055D48981D	From IP: 192.168.1.104 User: admin Operation: HPM BIOS Upgrade.
5	05/13/2021 09:53:03	IEIB4055D48981D	From IP: 192.168.1.104 User: admin Operation: Power On Success
6	05/13/2021 09:53:26	IEIB4055D48981D	IPMI[HOST][NA]Operation:Set Watchdog Timer NetFn 0x6 CMD 0x24 Req 0x1 0 0 0xb 0xb Rsp:0. Success
7	05/13/2021 09:53:50	IEIB4055D48981D	IPMI[HOST][NA]Operation:Set Watchdog Timer NetFn 0x6 CMD 0x24 Req 0x1 0 0 0xb 0xb Rsp:0. Success

图5-48　本地存储的日志

（2）当日志存储超出阈值时，覆盖最早的日志，如图 5-49 所示。

事件ID	时间戳	主机名	描述
1	04/15/2021 11:13:19	IEIB4055D48981D	From IP: 192.168.1.104 User: admin Operation: Modify ssh Service Configuration(State:Active, IK:N/A, Port:N/A(NonSecure), 22(Secure), Timeout:600). Success
2	04/15/2021 11:13:49	IEIB4055D48981D	From IP:192.168.1.104 User:admin SSHD Login Success
3	04/15/2021 11:13:51	IEIB4055D48981D	From IP:192.168.1.104 User:admin SSHD Login Success
4	04/15/2021 11:16:06	IEIB4055D48981D	From IP:192.168.1.104 User:admin SSHD Logout Success
5	04/15/2021 11:16:08	IEIB4055D48981D	From IP:192.168.1.104 User:admin SSHD Logout Success
6	04/15/2021 13:31:54	IEIB4055D48981D	From IP:192.168.1.104 User:admin HTTPS Logout Success
7	04/15/2021 13:32:01	IEIB4055D48981D	From IP:192.168.1.104 User:admin HTTPS Login Success
8	04/15/2021 13:52:55	IEIB4055D48981D	From IP:192.168.1.104 User:admin HTTPS Login Success
9	04/15/2021 13:53:21	IEIB4055D48981D	From IP: 192.168.1.104 User: admin Operation: Setting the BMC Restore Configuration Success
10	04/15/2021 13:56:44	IEIB4055D48981D	From IP:192.168.1.104 User:admin HTTPS Login Success
11	04/15/2021 13:57:04	IEIB4055D48981D	From IP: 192.168.1.104 User: admin Operation: Modify User (Name:admin) (ID:1) Success
12	04/15/2021 13:57:07	IEIB4055D48981D	From IP:192.168.1.104 User:admin HTTPS Logout Success
13	04/15/2021 13:57:10	IEIB4055D48981D	From IP:192.168.1.104 User:admin HTTPS Login Success

图5-49　超出阈值时覆盖

比较覆盖前后的日志，如图 5-50 所示。

1	04/15/2021	10:52:13	IEIB4055D4898			
2	04/15/2021	10:52:17	IEIB4055D4898			
3	04/15/2021	10:52:21	IEIB4055D4898			
4	04/15/2021	10:52:32	IEIB4055D4898			
5	04/15/2021	10:52:35	IEIB4055D4898			
6	04/15/2021	11:10:22	IEIB4055D4898			
7	04/1D	From IP: 192.168.1.104 User: adm	1	04/5/2021	11:13:19	IEIB4055D48981
8	04/15/2021	11:13:49	IEIB4055D4898	2	04/15/2021 11:13:49	IEIB4055D4898
9	04/15/2021	11:13:51	IEIB4055D4898	3	04/15/2021 11:13:51	IEIB4055D4898
10	04/15/2021	11:16:06	IEIB4055D4898	4	04/15/2021 11:16:06	IEIB4055D4898
11	04/15/2021	11:16:08	IEIB4055D4898	5	04/15/2021 11:16:08	IEIB4055D4898
12	04/15/2021	13:31:54	IEIB4055D4898	6	04/15/2021 13:31:54	IEIB4055D4898
13	04/15/2021	13:32:01	IEIB4055D4898	7	04/15/2021 13:32:01	IEIB4055D4898
14	04/15/2021	13:52:55	IEIB4055D4898	8	04/15/2021 13:52:55	IEIB4055D4898
15	04/15/2021	13:53:21	IEIB4055D4898	9	04/15/2021 13:53:21	IEIB4055D4898

图5-50　覆盖最早的日志

第 26 节　日志信息输出功能

一、检测方法

该检测项包括如下内容。

1. 安全要求

日志信息输出功能的安全要求见 GB 40050-2021 5.7 b）。

被测设备支持日志信息输出。

2. 预置条件

（1）按测试环境 1 搭建好测试环境。

（2）厂商提供包括管理员等所有账号信息。

（3）厂商提供日志输出功能的说明，包括输出形式、方式、配置方法等。

3. 检测步骤

（1）使用具有管理员权限的账号登录被测设备。

（2）配置被测设备，触发日志数据输出操作，如将日志数据传输到远端服务器或手动导出等。

（3）查看日志数据输出操作是否成功，日志数据接收端是否有相关日志信息。

4. 预期结果

（1）在检测步骤（2）中，支持日志输出功能。

（2）在检测步骤（3）中，日志数据输出操作成功，日志数据接收端有相关日志信息。

二、检测实施过程要点

（1）服务器可以导出完整的日志审计记录，如图 5-51 所示。

图5-51 导出日志审计记录

打开已导出的日志文件，如图 5-52 所示。

图5-52 打开日志文件

（2）设置服务器远程日志输出功能，如图 5-53 所示。

图5-53 设置远程日志输出功能

日志可以输出至远程服务器中，如图 5-54 所示。

图5-54 日志输出至远程服务器

第27节　日志信息安全保护

一、检测方法

该检测项包括如下内容。

1. 安全要求

日志信息安全保护的安全要求见 GB 40050-2021 5.7 d）。

被测设备应具备对日志在本地存储和输出过程进行保护的安全功能，防止日志内容被未经授权地查看、输出或删除。

注：常见的日志保护安全功能包括用户授权访问控制等。

2. 预置条件

（1）按测试环境 1 搭建好测试环境。

（2）厂商提供具备对日志进行不同操作权限的账号，并说明不同权限账号所具备的日志操作权限。

3. 检测步骤

（1）采用非授权用户访问、选择性删除记录、模拟产生大量日志等方式，验证审计记录保护措施是否可有效防止非预期的删除、修改或覆盖等。

（2）登录服务器带外管理模块固件，验证审计记录转存或输出功能是否有效。

4. 预期结果

（1）被测设备具备审计记录保护措施，可避免非预期的删除、修改或覆盖等。

（2）被测设备可转存或输出完整的审计记录，如备份或输出到其他日志系统等。

二、检测实施过程要点

（1）服务器针对非授权用户无法删除日志，如图 5-55 所示。

211	06/17/2021 08:52:35	IEIB4055D48981D	From IP 192.168.1.122 User test HTTPS Login Success
212	06/17/2021 08:53:21	IEIB4055D48981D	From IP 192.168.1.122 User test HTTPS Logout Success
213	06/17/2021 08:53:29	IEIB4055D48981D	From IP 192.168.1.122 User admin HTTPS Login Success
214	06/17/2021 08:57:35	IEIB4055D48981D	From IP 192.168.1.122 User admin Operation Add User (Name:user1) (ID 2) Success
215	06/17/2021 08:57:54	IEIB4055D48981D	From IP 192.168.1.122 User admin Operation Modify User (Name:user2) (ID 3) Success
216	06/17/2021 08:58:24	IEIB4055D48981D	From IP 192.168.1.122 User admin HTTPS Logout Success
217	06/17/2021 08:58:33	IEIB4055D48981D	From IP 192.168.1.122 User user1 HTTPS Login Success
218	06/17/2021 09:04:22	IEIB4055D48981D	From IP 192.168.1.122 User user1 HTTPS Logout Success
219	06/17/2021 09:04:29	IEIB4055D48981D	From IP 192.168.1.122 User user2 HTTPS Login Success
220	06/17/2021 09:07:04	IEIB4055D48981D	From IP 192.168.1.122 User user2 HTTPS Logout Success
221	06/17/2021 09:07:17	IEIB4055D48981D	From IP 192.168.1.122 User user1 HTTPS Login Success
222	06/17/2021 09:08:53	IEIB4055D48981D	From IP 192.168.1.122 User user1 HTTPS Logout Success
223	06/17/2021 09:09:11	IEIB4055D48981D	From IP 192.168.1.122 User admin HTTPS Login Success
224	06/17/2021 09:09:50	IEIB4055D48981D	From IP 192.168.1.122 User admin Operation Add User (Name:user3) (ID 4) Success
225	06/17/2021 09:09:56	IEIB4055D48981D	From IP 192.168.1.122 User admin HTTPS Logout Success
226	06/17/2021 09:10:05	IEIB4055D48981D	From IP 192.168.1.122 User user3 HTTPS Login Success

图5-55　非授权用户无法删除日志

服务器对日志进行删除操作，如图 5-56 所示。

图5-56　删除日志

（2）服务器可以导出完整的日志审计记录，如图 5-57 所示。

图5-57　导出日志审计记录

打开已导出的日志文件，如图 5-58 所示。

图5-58　打开日志文件

设置服务器远程日志输出功能，如图 5-59 所示。

图5-59　设置服务器远程日志输出功能

日志可以输出至远程服务器中，如图 25-60 所示。

图5-60　日志输出至远程服务器

第 28 节　管理协议安全

一、检测方法

该检测项包括如下内容。

1. 安全要求

管理协议的安全要求见 GB 40050-2021 5.8 a）。

被测设备应支持与管理系统（管理用户）建立安全的通信信道 / 路径，保障通信数据的保密性、完整性。

2. 预置条件

（1）按测试环境 1 搭建好测试环境。

（2）厂商提供设备支持的安全协议的说明材料。

3. 检测步骤

尝试使用安全协议对被测设备进行管理和操作。

4. 预期结果

应支持使用至少一种安全协议对设备进行管理，保障通信数据的保密性、完整性。

二、检测实施过程要点

服务器设备支持 HTTPS 管理，可以在管理工程中抓包查看，如图 5-61 所示。

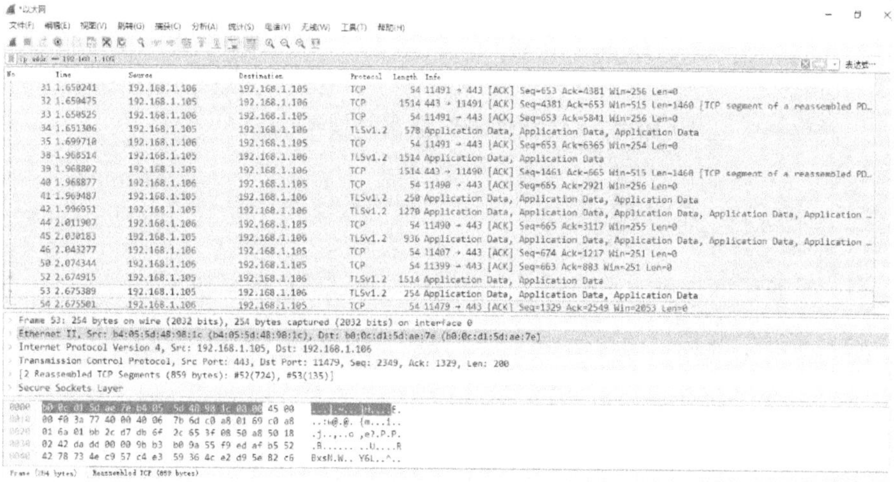

图5-61　管理协议抓包

第 29 节　　协议健壮性安全

一、检测方法

该检测项包括如下内容。

1. 安全要求

协议健壮性的安全要求见 GB 40050-2021 5.8 b）。

应满足通信协议健壮性要求，防范异常报文攻击。

注：网络关键设备使用的常见的通信协议包括 IPv4/v6、TCP、UDP 等基础通信协议，SNMP、SSH、HTTP 等网络管理协议，路由协议、工业控制协议等专用通信协议，以及其他网络应用场景中的专用通信协议。

2. 预置条件

厂商提供有关通信协议健壮性的测试材料。

3. 检测步骤

检查有关通信协议健壮性的测试材料。

4. 预期结果

厂商提供的基础通信协议健壮性测试证明材料可信。

二、检测实施过程要点

（1）检查厂商提供的基础通信协议健壮性测试的证明材料。

（2）查看厂商提供的通信协议健壮性测试的材料（第三方检测报告）。测试材料应由独立于设备提供方和设备使用方的第三方机构出具，测试材料中的测试过程应与《3GPP TS 33.117 Catalogue of general security assurance requirements》中 "4.4.4 Robustness and fuzz testing" 的要求一致；厂商应提供被测对象一致性说明材料，如被测设备与提供的测试材料中被测对象的软件仅有少量差异（如小版本号不同、补丁版本号不同等）时，厂商补充提供差异部分的测试材料。

第 30 节　时间同步功能

一、检测方法

该检测项包括如下内容。

1. 安全要求

时间同步功能的安全要求见 GB 40050-2021 5.8 c）。

被测设备应支持时间同步功能。

2. 预置条件

（1）按测试环境 1 搭建好测试环境。

（2）厂商提供被测设备 NTP 等时间同步的说明材料。

（3）设备开机正常运行。

3. 检测方法

配置被测设备，开启时间同步功能（如 NTP 等），并测试其是否能够进行时间同步。

4. 预期结果

被测设备支持使用 NTP 或其他方式实现时间同步功能。

二、检测实施过程要点

在服务器上查看时间同步之前的时间，如图 5-62 所示。

图5-62 同步前的服务器时间

配置时间同步认证功能，如图5-63所示。

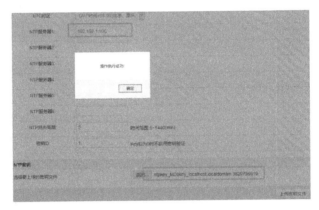

图5-63 配置时间同步认证功能

在服务器上查看时间同步功能生效，如图5-64所示。

NTP设置

日期	5	月	13	日	2021	年
时间	10	20	44	时 分 秒		
UTC时区	GMT时间+08:00北京、重庆					
NTP服务器1	192.168.1.106					
NTP服务器2						

```
[root@localhost Desktop]# date
Thu May 13 10:20:48 CST 2021
[root@localhost Desktop]#
```

图5-64 时间同步功能生效

第 31 节　协议声明

检测方法

该检测项包括如下内容。

1. 安全要求

协议声明的安全要求见 GB 40050-2021 5.8 d）。

被测设备应不存在未声明的私有协议。

2. 预置条件

厂商提供被测设备支持的所有协议以及不存在未声明的私有协议的说明材料。

3. 检测方法

检查厂商提供的材料，确认是否提供了被测设备支持的所有协议以及不存在未声明的私有协议的说明材料。

4. 预期结果

厂商提供了被测设备支持的所有协议以及不存在未声明的私有协议的说明材料。

第 32 节　重放攻击防范能力

一、检测方法

该检测项包括如下内容。

1. 安全要求

重放攻击防范能力的安全要求见 GB 40050-2021 5.8 e）。

被测设备应具备抵御常见重放类攻击的能力。

注：常见的重放类攻击包括各类网络管理协议的身份鉴别信息重放攻击、设备控制数据重放攻击等。

2. 预置条件

按测试环境 1 搭建好测试环境。

3. 检测方法

（1）配置被测设备，开启相关协议功能。

（2）建立连接关系，抓取并保存认证凭据，通过退出或更改等手段解除连接关系，重新发送保存的认证凭据，查看连接情况。

4. 预期结果

在检测方法步骤（2）中，连接失败。

二、检测实施过程要点

（1）使用安全测试工具抓取用户登录时的认证报文数据，可以正常登录。

（2）登出用户后，再次发送第一次抓取的相同认证报文凭据，服务器响应连接失败。

第 33 节　　敏感数据保护功能

一、检测方法

该检测项包括如下内容。

1. 安全要求

敏感数据保护功能的安全要求见 GB 40050-2021 5.9 a）。

被测设备应具备防止数据泄露、数据非授权读取和修改的安全功能，对存储在设备中的敏感数据进行保护。

2. 预置条件

（1）按测试环境 1 搭建好测试环境。

（2）厂商提供说明材料，说明存储在被测设备上的敏感数据类型及查看方式。

3. 检测步骤

（1）查看被测设备中的用户口令和协议加密口令，检查是否以密文形式存储或不显示。

（2）在运行系统中查看各类口令，检查是否以密文形式存储或不显示。

（3）查看配置文件中的各类口令，检查是否以密文形式存储或不显示。

4. 预期结果

（1）被测设备中的用户口令和协议加密口令均以密文形式存储或不显示。

（2）运行系统中的各类口令均显示为密文或不显示。

（3）配置文件中存储的口令均显示为密文或不显示。

二、检测实施过程要点

（1）服务器 BMC 系统下存储的口令以加密形式显示，如图 5-65 所示。

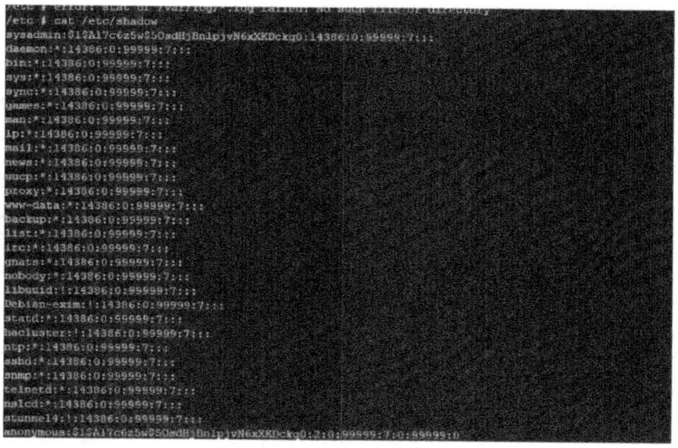

图5-65　加密存储

（2）服务器 BIOS 创建和修改口令界面口令以加密形式显示，如图 5-66 所示。

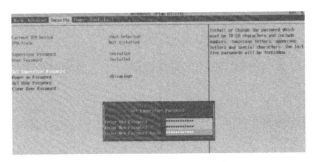

图5-66　BIOS创建和修改口令界面

服务器 BIOS 使用的口令登录界面口令以加密形式显示，如图 5-67 所示。

服务器 BMC 登录界面的口令以加密形式显示，如图 5-68 所示。

图5-67　BIOS口令登录界面

图5-68　用户登录界面

固件更新界面认证口令以加密形式显示，如图 5-69 所示。

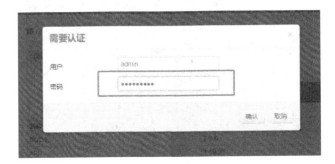

图5-69　固件更新界面

修改口令界面的口令以加密形式显示，如图 5-70 所示。

（3）配置文件中的用户口令以加密形式显示，如图 5-71 所示。

图5-70 修改口令界面   图5-71 配置文件中的用户口令

第 34 节   数据删除功能

一、检测方法

该检测项包括如下内容。

1. 安全要求

数据删除功能的安全要求见 GB 40050-2021 5.9 b）。

被测设备应具备对用户产生且存储在设备中的数据进行授权删除的功能，支持在删除前对该操作进行确认。

注：用户产生且存储在设备中的数据通常包括日志、配置文件等。

2. 预置条件

（1）按测试环境 1 搭建好测试环境。

（2）根据设备登录方式的说明材料，用户使用具有管理员权限的账号登录被测设备。

（3）被测设备应支持包括并不限于如下权限用户：查询权限、配置权限、管理员权限、系统维护权限等。

（4）管理员权限、系统维护权限账户为授权账户，可以删除日志信息。

3. 检测步骤

（1）分别用授权账户和非授权账户对系统中的日志信息进行删除。

（2）分别用授权账户和非授权账户对系统中存储的配置文件进行删除。

4. 预期结果

（1）授权账户可以成功删除系统中的日志信息。

（2）非授权账户无法删除系统中的日志信息。

（3）授权账户可以成功删除系统中存储的配置文件，删除前应支持对删除操作进行确认。

（4）非授权账户无法删除系统中存储的配置文件。

二、检测实施过程要点

（1）授权账户删除系统中的日志信息，如图 5-72 所示。

图5-72　授权账户删除日志信息

（2）非授权账户无法删除系统中的日志信息。

（3）授权账户删除系统中存储的配置文件，删除前支持对删除操作进行确认，如图 5-73 所示。

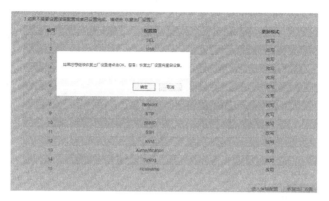

图5-73　授权账户删除系统中存储的配置文件

（4）非授权用户无法删除系统中存储的配置文件。

第 6 章

可编程逻辑控制器（PLC 设备）安全功能检测

第 1 节　硬件标识安全

一、检测方法

该检测项包括如下内容。

1. 安全要求

硬件标识的安全要求见 GB 40050-2021 5.1 a）。

硬件整机和主要部件应具备唯一性标识。

注：路由器、交换机常见的主要部件包括主控板卡，业务板卡，交换网板，风扇模块，电源，存储系统软件的板卡、硬盘或闪存卡等。服务器常见的主要部件包括中央处理器、硬盘、内存、风扇模块、电源等。

2. 预置条件

厂商提供设备硬件配置说明材料。

3. 检测步骤

（1）检查硬件整机是否具备唯一性标识。

（2）检查设备的主要部件是否具备唯一性标识。一般情况下，PLC 设备常见的主要部件包括电源模块、CPV 模块、网络通信信息模块、输入输出模块等。

4. 预期结果

（1）硬件整机具备唯一性标识。

（2）主要部件具备唯一性标识。

二、检测实施过程要点

（1）检查整机硬件标识。一般情况下，PLC 设备在硬件整机外部贴有唯一性标识的设备序列号。也有部分 PLC 设备的整机唯一性标识写入设备软件，可使用管理工具查看，如图 6-1 所示。

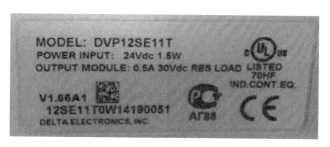

图6-1　PLC设备整机唯一性标识

（2）PLC 设备的主要部件包括 CPU 模块、通信模块、电源模块等，这些部件的唯一性标识通常贴在部件外观上。也有部分 PLC 设备的主要部件唯一性标识写入设备软件，可使用管理工具查看。

第 2 节　软件标识安全

一、检测方法

该检测项包括如下内容。

1. 安全要求

软件标识的安全要求见 GB 40050-2021 5.1 b）。

被测设备应对预装软件、补丁包 / 升级包的不同版本进行唯一性标识。

注：常见的版本唯一性标识方式：版本号等。

2. 预置条件

厂商提供设备运行所需的预装软件 / 固件，以及可用的补丁包 / 升级包。

3. 检测步骤

（1）检查预装软件 / 固件是否具备唯一性标识。

（2）检查补丁包 / 升级包是否具备唯一性标识。

4. 预期结果

（1）预装软件 / 固件具备唯一性标识。

（2）补丁包 / 升级包具备唯一性标识。

二、检测实施过程要点

（1）检查预装软件 / 固件唯一性标识，通常使用管理工具连接设备，查看预装软件 / 固件版本。

（2）检查补丁包 / 升级包唯一性标识，通常使用管理工具连接设备，查看预装软件 / 固件版本，如图 6-2 所示。

图6-2　补丁包/升级包的散列值

第3节　设备冗余和自动切换功能

网络关键设备整机应支持主备切换功能或关键部件应支持冗余功能。网络关键设备应至少通过设备冗余和自动切换功能（整机冗余）以及设备冗余和自动切换功能（部件冗余）中的一项测试。

一、检测方法

1. 设备冗余和自动切换功能（整机冗余）

该检测项包括如下内容。

设备冗余和自动切换功能（整机冗余）的安全要求见 GB 40050-2021 5.2 a）。

设备整机应支持主备切换功能或关键部件应支持冗余功能，应提供自动切换功能，在设备或关键部件运行状态异常时，切换到冗余设备或冗余部件以降低安全风险。

注：路由器、交换机常见的支持冗余功能的关键部件包括主控板卡、交换网板、电源模块、风扇模块等。服务器常见的支持冗余功能的关键部件包括硬盘、电源模块、风扇模块等。

2. 预置条件

（1）按测试环境 2 搭建好测试环境。

（2）两台设备分别配置为主用设备与备用设备或负载分担模式。

3. 检测步骤

（1）数据网络测试仪两对端口之间发送背景流量或与多台设备进行输入 / 输出控制。

（2）下线主用设备或负载分担模式下的被测设备 1。

（3）查看数据流量或输入 / 输出控制是否自动切换到备用设备或负载分担模式下的被测设备 2。

（4）重新上线主用设备或负载分担模式下的被测设备 1。

（5）主用设备或负载分担模式下的被测设备 1 恢复正常运行后，查看数据流量状态或输入 / 输出控制状态是否正常。

4. 预期结果

（1）在检测步骤（3）中，备用设备或负载分担模式下的被测设备 2 能自动启用，数据流量或输入/输出控制能切换到备用设备或负载分担模式下的被测设备2上。

（2）在检测步骤（5）中，主用设备或负载分担模式下的被测设备1能正常运行，且数据流量状态或输入/输出控制状态正常。

5. 设备冗余和自动切换功能（部件冗余）

该检测项包括如下内容。

（1）安全要求

设备冗余和自动切换功能（部件冗余）的安全要求见 GB 40050-2021 5.2 a）。

设备整机应支持主备切换功能或关键部件应支持冗余功能，应提供自动切换功能，在设备或关键部件运行状态异常时，切换到冗余设备或冗余部件以降低安全风险。

注：路由器、交换机常见的支持冗余功能的关键部件包括主控板卡、交换网板、电源模块、风扇模块等。服务器常见的支持冗余功能的关键部件包括硬盘、电源模块、风扇模块等。

（2）预置条件

① 厂商提供支持冗余和自动切换的部件清单。

② 按测试环境 1 搭建好测试环境。

③ 被测设备关键部件配置冗余。

（3）检测步骤

① 按照厂商提供的关键冗余部件说明文档，分别拔掉或关闭处于运行状态的关键部件，等待一段时间并观察被测设备的工作状态。

② 查看被测设备是否能够自动启用备用关键部件。

（4）预期结果

被测设备可以自动启用备用关键部件，工作正常。

二、检测实施过程要点

检查 PLC 设备支持的整机 / 部件冗余功能。

（1）整机冗余是指 PLC 系统由两套完全相同的控制器组成，控制器运行时一个是主控制器，另一个是热备控制器，当主控制器中的模块出现故障时，系统会自动切换到热备控制器运行。

（2）部件冗余是指 PLC 的关键部件支持冗余功能，当关键部件出现故障或遭到破坏时，能够自动切换到冗余部件。部件冗余有多种实现方式，如设备电源冗余、存储系统冗余、CPU 冗余、通信线路冗余、主控板冗余等。

第 4 节　备份与恢复功能

一、检测方法

该检测项包括如下内容。

1. 安全要求

备份与恢复功能的安全要求见 GB 40050-2021 5.2 b）。

被测设备应支持对预装软件、配置文件的备份与恢复功能，使用恢复功能时支持对预装软件、配置文件的完整性检查。

2. 预置条件

按测试环境 1 搭建好测试环境。

3. 检测步骤

（1）被测设备正常工作。

（2）分别针对预装软件、配置文件执行备份操作。

（3）清空或重置设备配置，保存并重启设备。

（4）恢复预装软件到被测设备并重启设备，查看设备是否能够以预装软件启动，并恢复到正常工作状态。

（5）恢复配置文件到被测设备，查看设备配置是否恢复到备份前工作状态。

（6）修改备份的预装软件和配置文件，并重复步骤（4）～步骤（5）。

4. 预期结果

（1）在检测步骤（2）中，软件和配置文件备份成功。

（2）在检测步骤（4）中，恢复的软件工作正常。

（3）在检测步骤（5）中，设备配置与备份前一致。

（4）在检测步骤（6）中，设备能够检测到软件和配置已被修改。

二、检测实施过程要点

检查 PLC 设备对固件（预装软件）、工程文件（用户配置文件）的备份与恢复功能。

（1）固件（预装软件）的备份恢复。部分 PLC 设备的固件提供网络下载链接，能够从官网下载固件和校验码，操作完成固件恢复，如图 6-3 所示。还有一些 PLC 设备支持使用组态软件工具或专用维护工具对 PLC 中的固件进行备份和恢复。

V4.5.0

6E3█████.█0-0XB0

Third-party software - Licensing terms and copyrightinformation
You can find the copyright information for third-party software contained in this
product, particularly open source software, as well as applicable licensing terms
of such third-party software in the Readme_C████ ██0_en_US file.

Special information for resellers
The information and the license terms in the Readme_C████ ██0_en_US file
must be passed on to the purchasing party to avoid license infringements by the
reseller or purchasing party.
pdf ♂ ReadMe_C████_en_US.pdf (1,3 MB)
Backup only:
For a description, see below Update V4.5.0
☐ ☑E 6E█ ████E40-0XB0_V04.05.00.zip (10.3 MB)
Please note the behavior during the firmware update: > 109799865
SHA-256 checksum ⟨> Information on SHA-256⟩
☐ ♂ 6B████-0XB0_V04.05.00.txt (1 KB)

图6-3 官网下载固件和检验码

（2）工程文件（用户配置文件）的备份恢复。将 PLC 设备的配置信息、工程文件、可执行程序等的副本进行备份，在恢复数据时使用，如图 6-4 所示。

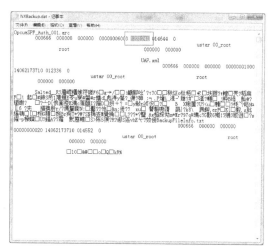

图6-4　修改备份的配置文件，被测设备恢复失败

第 5 节　异常状态识别与提示功能

一、检测方法

该检测项包括如下内容。

1. 安全要求

异常状态识别与提示功能的安全要求见 GB 40050-2021 5.2 c）。

被测设备应支持识别异常状态，产生相关错误提示信息。

2. 预置条件

按测试环境 1 搭建好测试环境。

3. 检测步骤

根据设备使用说明触发设备处于异常的运行状态并产生错误提示信息。

4. 预期结果

被测设备支持识别异常状态，产生相应错误提示信息，提供故障的告警、定位等功能。

二、检测实施过程要点

PLC 设备运行过程中，若系统或部件出现故障，PLC 应提示异常状态，用户可根据异常状态分析和判断故障的原因或部位。

第 6 节 漏洞扫描

检测方法

该检测项包括如下内容。

1. 安全要求

漏洞扫描的安全要求见 GB 40050-2021 5.3 a）。

不应存在已公布的漏洞或具备补救措施防范漏洞安全风险。

2. 预置条件

（1）按测试环境 1 搭建好测试环境。

（2）厂商提供具有管理员权限的账号，用于登录被测设备的操作系统。

（3）按照产品说明书进行初始配置，并启用相关的协议和服务。

（4）扫描所使用的工具及其知识库需使用最新版本。

3. 检测步骤

典型的漏洞扫描方式包括系统漏洞扫描、Web 应用漏洞扫描等，扫描应覆盖具有网络通信功能的各类接口。

（1）系统漏洞扫描

利用系统漏洞扫描工具，通过具有网络通信功能的各类接口分别对被测设备系统进行扫描（包含登录扫描和非登录扫描两种方式），查看扫描结果。

（2）Web 应用漏洞扫描（设备不支持 Web 功能时不适用）

利用 Web 应用漏洞扫描工具对支持 Web 应用的网络接口进行扫描（包含登录扫描和非登录扫描两种方式），查看扫描结果。

（3）对于以上扫描发现的安全漏洞，检查是否具备补救措施。

4. 预期结果

分析扫描结果，没有发现安全漏洞；或者分析扫描结果发现了安全漏洞，针对发现的漏洞具备相应的补救措施。

第 7 节　恶意程序扫描

检测方法

该检测项包括如下内容。

1. 安全要求

恶意程序扫描的安全要求见 GB 40050-2021 5.3 b）。

预装软件、补丁包 / 升级包不应存在恶意程序。

2. 预置条件

（1）按测试环境 1 搭建好测试环境。

（2）厂商提供具有管理员权限的账号，用于登录被测设备的操作系统。

（3）按照产品说明书进行初始配置，并启用相关的协议和服务，准备开始扫描。

（4）扫描所使用的工具需使用最新版本。

3. 检测步骤

使用两个不同的恶意程序扫描工具对被测设备预装软件、补丁包/升级包进行扫描，查看是否存在恶意程序。

4. 预期结果

未发现被测设备预装软件、补丁包/升级包存在恶意程序。

第8节 设备功能和访问接口声明

一、检测方法

该检测项包括如下内容。

1. 安全要求

设备功能和访问接口声明的安全要求见 GB 40050-2021 5.3 c）。

不应存在未声明的功能和访问接口（含远程调试接口）。

2. 预置条件

（1）厂商提供设备所支持的功能和访问接口清单。

（2）厂商提供具有管理员权限的账号。

（3）厂商说明中应明确不存在未声明的功能和访问接口。

3. 检测步骤

（1）使用具有管理员权限的账号登录被测设备，检查设备所支持的功能是否与文档描述一致。

（2）查看系统访问接口（含远程调试接口）是否与文档描述一致。

4. 预期结果

（1）被测设备支持的功能和访问接口（含远程调试接口）与文档描述一致。

（2）被测设备不存在未声明的功能和访问接口（含远程调试接口）。

二、检测实施过程要点

（1）查看用户手册中介绍的主要功能，使用组态管理工具或其他远程方式登录设备，选择手册中支持的主要功能进行验证。

（2）查看用户手册中说明的 PLC 设备支持的主要接口。确认设备外观与用户手册中的说明一致。

某PLC产品概述
本产品系列具有以下基本配置：
- *CFast卡插槽*
- *MicroSD 卡插槽*
- *两个独立的Gbit以太网接口*
- *4个USB 3.0接口*
- *一个DVI—D接口*

第 9 节　预装软件启动完整性校验功能

一、检测方法

该检测项包括如下内容。

1. 安全要求

预装软件启动完整性校验功能的安全要求见 GB 40050-2021 5.4 a）。

被测设备应支持启动时完整性校验功能，确保系统软件不被篡改。

2. 预置条件

（1）按测试环境 1 搭建好测试环境。

（2）厂商在设备中预先安装系统软件包。

3. 检测步骤

破坏预装系统软件的完整性，重启设备。

4. 预期结果

在检测步骤中，设备应有告警提示信息且无法正常启动。

二、检测实施过程要点

破坏预装软件的完整性，重启设备，检查设备是否进入异常状态，能否正常启动，如图 6-5 所示。

图6-5 破坏预装软件的完整性

第 10 节 更新功能

一、检测方法

该检测项包括如下内容。

1. 安全要求

更新功能的安全要求见 GB 40050-2021 5.4 b）。

被测设备应支持设备预装软件更新功能。

2. 预置条件

（1）按测试环境 1 搭建好测试环境。

（2）厂商提供被测设备的预装软件。

（3）厂商提供用于更新的软件包。

3. 检测步骤

检查预装软件是否可进行更新。

4. 预期结果

预装软件可成功更新。

二、检测实施过程要点

使用专用工具或组态软件对 PLC 固件进行升级，检查 PLC 固件更新结果，确认更新后的 PLC 功能正常。

第 11 节　更新操作安全功能

一、检测方法

该检测项包括如下内容。

1. 安全要求

更新操作安全功能的安全要求见 GB 40050-2021 5.4 c）。

被测设备应具备保障软件更新操作安全的功能。

注：保障软件更新操作安全的功能包括用户授权、更新操作确认、更新过程控制等。例如，仅指定授权用户可实施更新操作，实施更新操作的用户需经过二次鉴别，支持用户选择是否进行更新，对更新操作进行二次确认或延时生效等。

2. 预置条件

（1）按测试环境 1 搭建好测试环境。

（2）厂商提供用户手册。

3. 检测步骤

（1）检查被测设备是否支持通过用户授权的方式保障软件更新安全，只有授权用户能够执行更新操作，非授权用户不能执行更新操作。

（2）检查被测设备是否支持更新操作确认功能，确认的方式可包括：选择更新或不更新；通过二次鉴别的方式进行确认；对授权用户提示更新操作在特定时间段或特定操作之后才能生效，生效之前可撤销。

4. 预期结果

（1）只有授权用户能够执行更新操作，非授权用户不能执行更新操作。

（2）被测设备支持检测步骤（2）中的至少一种更新操作确认方式。

二、检测实施过程要点

（1）执行更新操作前，检查是否需要授权用户登录。通常执行更新操作前，需要使用授权用户 / 口令登录 PLC 设备，获取 PLC 设备的实时状态。PLC 设备需要转至在线才可以进行更新操作，设置了 PLC 读写访问保护后，转至在线时需要输入口令。

（2）更新固件时，检查设备是否支持更新操作确认功能。部分 PLC 设备通过二次鉴别的方式进行更新确认。部分 PLC 设备可以在更新过程中选择取消或继续进行更新确认。

第 12 节　软件更新防篡改功能

一、检测方法

该检测项包括如下内容。

1. 安全要求

软件更新防篡改功能的安全要求见 GB 40050-2021 5.4 d）。

被测设备应具备防范软件在更新过程中被篡改的安全功能。

注：防范软件在更新过程中被篡改，安全功能包括采用非明文的信道传输更新数据、支持软件包完整性校验等。

2. 预置条件

（1）按测试环境 1 搭建好测试环境。

（2）厂商提供预装软件更新包、更新说明材料。

3. 检测步骤

（1）当被测设备支持网络更新方式时，配置被测设备开启更新，并尝试获得软件更新包，在更新过程中抓取数据包，查看是否为非明文数据。

（2）修改厂商提供的预装软件更新包并尝试更新，检查是否可以完成更新过程。

4. 预期结果

（1）被测设备支持网络更新方式时，设备可获取到所需要的软件更新包，更新数据传输通道支持加密传输，数据包被加密，非明文传输。

（2）修改后的预装软件更新包无法完成更新过程。

二、检测实施过程要点

（1）PLC 设备进行网络更新时，检查更新数据是否加密或通过加密通道进行传输。部分 PLC 设备不支持网络更新，检查是否支持升级包 / 补丁包的完整性校验。

（2）一般来说，修改了软件更新包部分字节内容，破坏了其完整性后，固件上传时应提示无法传输。

第 13 节　更新过程告知功能

一、检测方法

该检测项包括如下内容。

1. 安全要求

更新过程告知功能的安全要求见 GB 40050-2021 5.4 e）。

被测设备应有明确的信息告知用户软件更新过程的开始、结束及更新的内容。

2. 预置条件

（1）按测试环境 1 搭建好测试环境。

（2）厂商提供的被测设备有预装软件更新的能力。

3. 检测步骤

（1）检查是否对此次更新的内容进行说明，可以通过文档或软件提示信息等方式进行说明。

（2）检查被测设备是否具备更新过程开始提示信息和更新过程结束提示信息。

4. 预期结果

（1）被测设备具备更新的内容说明。

（2）被测设备具备更新过程开始提示信息和更新过程结束提示信息。

二、检测实施过程要点

（1）检查对更新内容的说明文档，该文档应该以用户可获取的方式公布。下面给出一例公布在某公司官网的版本内容说明。

Update V4.5.0

The x-model CPU firmware update V4.5.0 replaces the V4.4.1 and supports these key features: x-model OPC UA enhancements:

Server method calls (Remote Procedure Calls) Structure and ArTay data types

Improved diagnostics New instructions:

GetSMCInfo instruction retrieves information about the inserted memory card Compact Read/Write file instructions:FileReadC,FileWriteC and,FileDelete

Open user communication: now supports TCON_Settings Web server: Supports modern API and certificate handling

PROFINET support of Media Redundancy Protocol(MRP)functionality as a "Client" and as a "Manager" Improved DataLog functionality including Sync timestamp field with the x-model

Enhanced security:

Use of X.509 certificates and TLS (Transport Layer Security) to enable secure PG/PC and HMI communication Protection of confidential PLC configurationdata

Enhanced encryption for the CPU access level passwords with a default setting of complete protection of the CPU

"Ability to use a memory card to set or change the Protection of confidential PLC configuration data password Increased retentive memory for x-model CPUs from 10 Kbytes to 14 Kbytes

Service Data via Data Record(TIA Portal)

Required software:TIA Portal with STEP 7 V17 Basic or Professional

（2）检查更新过程，更新完成后应该有明确的提示信息，如图 6-6 和图 6-7 所示。

图6-6　更新进度提示

图6-7　更新结果提示

第14节　身份标识和鉴别功能

一、检测方法

该检测项包括如下内容。

1. 安全要求

身份标识和鉴别功能的安全要求见 GB 40050-2021 5.5 a)。

被测设备应对用户进行身份标识和鉴别，身份标识应具有唯一性。

2. 预置条件

（1）按测试环境 1 搭建好测试环境。

（2）厂商提供被测设备的管理账号和口令。

3. 检测步骤

（1）使用管理账号和正确口令以及错误口令分别登录被测设备，检查是否登录成功。

（2）登录被测设备，创建新的账号和口令，并使用新账号和口令以及新账号和空口令尝试登录设备，检查是否登录成功。

（3）尝试创建与步骤（2）中具有相同用户身份标识的账号，检查是否能够成功创建。

4. 预期结果

（1）在检测步骤（1）中，使用正确的口令登录被测设备成功，错误的口令登录失败。

（2）在检测步骤（2）中，使用新账号和口令登录被测设备成功，使用新账号和空口令登录失败。

（3）在检测步骤（3）中，创建失败。

二、检测实施过程要点

（1）创建账号口令，使用管理新账号和正确口令以及错误口令分别登录被测设备，正确的口令登录成功，空口令和错误的口令登录失败，如图 6-8 所示。

图6-8　使用错误的口令登录失败

（2）创建同名用户，操作失败。

第 15 节　口令安全——默认口令、口令生存周期

一、检测方法

该检测项包括如下内容。

1. 安全要求

口令安全——默认口令、口令生存周期的安全要求见 GB 40050-2021 5.5 b）。

使用口令鉴别方式时，应支持首次管理设备时强制修改默认口令或设置口令，或支持随机的初始口令，支持设置口令生存周期。

2. 预置条件

（1）按测试环境 1 搭建好测试环境。

（2）厂商提供口令鉴别方式相关的说明文档，包括但不限于默认设备管理方式、默认口令、口令生存周期等内容。

（3）被测设备处于出厂默认配置状态。

3.检测步骤

（1）若被测设备存在默认口令，则使用默认账号登录被测设备，检查被测设备是否强制修改默认口令，或使用随机的初始口令。

若被测设备不存在默认口令，则检查是否强制设置口令。

（2）检查被测设备是否支持设置口令生存周期。

4.预期结果

首次管理关键设备时，系统提示强制修改默认口令或者设置口令，或支持随机的初始口令，支持设置口令生存周期。

二、检测实施过程要点

（1）部分 PLC 设备在出厂时已设置默认口令，首次登录时强制修改默认口令或使用随机的初始口令。还有部分 PLC 设备不存在默认口令，首次登录时强制设置口令。

（2）支持设置口令生存周期，如图 6-9 所示。

图6-9　设置口令生存周期

第16节　口令安全——口令复杂度、口令显示

一、检测方法

该检测项包括如下内容。

1. 安全要求

口令安全——口令复杂度、口令显示的安全要求见 GB 40050-2021 5.5 b）和 GB 40050-2021 5.5 c）。

（1）被测设备支持口令复杂度检查功能，口令复杂度检查包括口令长度检查、口令字符类型检查、口令与账号无关性检查中的至少一项。

注：不同类型的网络关键设备口令复杂度要求和实现方式不同。常见的口令长度要求：口令长度不小于 8 位。常见的口令字符类型：包含数字、小写字母、大写字母、标点符号、特殊符号中的至少两种。常见的口令与账号无关性要求：口令不包含账号等。

（2）用户输入口令时，不应明文回显口令。

2. 预置条件

（1）按测试环境 1 搭建好测试环境。

（2）厂商提供口令鉴别方式相关的说明文档，包括但不限于口令复杂度、口令保护、设备管理方式等内容。

3. 检测步骤

（1）开启口令复杂度检查功能时，配置或确认口令复杂度要求。

（2）按照厂商提供的设备管理方式信息，创建不同管理方式的新账号，配置符合口令复杂度要求的账号，并使用新创建的账号以不同的管理方式登录被测设备，检查在登录过程中是否明文回显输入的口令信息以及是否能够成功登录。

（3）按照厂商提供的设备管理方式信息，创建不同管理方式的新账号，配置不符合口令复杂度要求的账号，检查配置结果。

4. 预期结果

（1）在检测步骤（1）中，口令复杂度检查包括口令长度检查、口令字符类型检查、口令与账号无关性检查中的至少一项。口令复杂度要求长度不少于 8 位，口令字符类型检查要求至少包含 2 种不同类型字符，常见的字符类型包括数字、大小写字母、特殊字符等。

（2）在检测步骤（2）中，创建新账号成功，以各种管理方式登录过程中没有明文回显输入的口令信息，且登录成功。

（3）在检测步骤（3）中，创建失败，无法创建口令不满足复杂度要求的账号。

二、检测实施过程要点

（1）检查 PLC 设备是否支持口令复杂度检查，应支持口令复杂度要求设置。

（2）设置了口令复杂度检查后，不符合口令复杂度要求的输入，无法提交。

（3）以各种管理方式登录过程中，口令没有明文回显，如图 6-10 所示。

图6-10　口令没有明文回显

第 17 节　用户鉴别信息猜解攻击防范功能

一、检测方法

该检测项包括如下内容。

1. 安全要求

用户鉴别信息猜解攻击防范功能的安全要求见 GB 40050-2021 5.5 d）。

被测设备应支持启用安全策略或具备安全功能，以防范用户鉴别信息猜解攻击。

注：常见的防范用户鉴别信息猜解攻击的安全策略或安全功能包括默认开启口令复杂度检查功能、限制连续的非法登录尝试次数或支持限制管理访问连接的数量、双因素鉴别（如口令＋证书、口令＋生物鉴别等）等措施，当出现鉴别失败时，设备提供无差别反馈，避免提示"用户名错误""口令错误"等类型的具体信息。

2. 预置条件

（1）按测试环境 1 搭建好测试环境。

（2）厂商提供防范用户鉴别信息猜解攻击功能的说明。

3. 检测步骤

（1）配置用户鉴别信息猜解攻击防范功能，常见的防范用户鉴别信息猜解攻击的安全策略或安全功能包括默认开启口令复杂度检查功能、限制连续的非法登录尝试次数或支持限制管理访问连接的数量、双因素鉴别（如口令＋证书、口令＋生物鉴别等）等措施，当出现鉴别失败时，被测设备提供无差别反馈，避免提示"用户名错误""口令错误"等类型的具体信息。

（2）模拟用户鉴别信息猜解攻击，验证被测设备的安全功能是否生效。

4. 预期结果

（1）配置成功。

（2）被测设备能够防范用户鉴别信息猜解攻击。

二、检测实施过程要点

（1）检查 PLC 设备用户鉴别信息猜解攻击防范功能。

（2）鉴别失败时，被测设备提供无差别反馈。

第18节　会话空闲时间过长防范功能

一、检测方法

该检测项包括如下内容。

1. 安全要求

会话空闲时间过长防范功能的安全要求见 GB 40050-2021 5.5 e）。

被测设备应支持启用安全策略或具备安全功能，以防止用户登录设备后会话空闲时间过长。

注：常见的防止用户登录设备后会话空闲时间过长的安全策略或安全功能包括登录用户空闲超时后自动退出等。

2. 预置条件

（1）按测试环境 1 搭建好测试环境。

（2）厂商提供会话空闲超时控制策略、相关的配置及设备管理方式的说明。

3. 检测步骤

（1）配置或确认会话空闲时长。

（2）按照厂商提供的设备管理方式信息，以不同的管理方式登录被测设备，检查登录设备后空闲时间达到设定值或默认值时是否会锁定或者自动退出。

4. 预期结果

（1）配置成功或者确认已存在默认的会话空闲时长，并记录会话空闲时长值。

（2）登录设备后空闲时间达到设定值或默认值时会锁定或者自动退出。

5. 判定原则

测试结果应与预期结果相符，否则不符合要求。

二、检测实施过程要点

（1）部分 PLC 设备存在默认的会话空闲时间，更多的 PLC 设备支持配置会话空闲超时时间。

（2）空闲时间达到设定值或默认值时，检查用户是否被锁定或者自动退出。

第 19 节　身份鉴别信息安全保护功能

一、检测方法

该检测项包括如下内容。

1. 安全要求

身份鉴别信息安全保护功能的安全要求见 GB 40050-2021 5.5 f）。

被测设备应对用户身份鉴别信息进行安全保护，保障用户鉴别信息存储的保密性，以及传输过程中的保密性和完整性。

2. 预置条件

（1）按测试环境 1 搭建好测试环境。

（2）厂商提供所有身份鉴别信息安全存储、安全传输的操作说明。

3. 检测步骤

（1）按照厂商提供的说明材料生成用户身份鉴别信息，查看是否以加密方式存储。

（2）按照厂商提供的说明材料生成并传输用户身份鉴别信息，通过抓包或其他有效的方式查看是否具备保密性和完整性保护能力。

4. 预期结果

（1）用户身份鉴别信息能以加密方式存储。

（2）被测设备具备保障用户身份鉴别信息保密性和完整性的能力。

二、检测实施过程要点

（1）根据 PLC 设备厂商提供的用户身份鉴别信息存储位置及查看方式检查用户身份鉴别信息文件，确认身份鉴别信息以加密方式存储。图 6-11 所示为用户名为 guoguo 的口令加密存储。

图6-11　用户身份鉴别信息加密存储

（2）根据 PLC 设备厂商提供的说明材料生成并传输用户身份鉴别信息，通过抓包或其他有效的方式查看是否具备保密性和完整性保护能力，如图 6-12 所示。

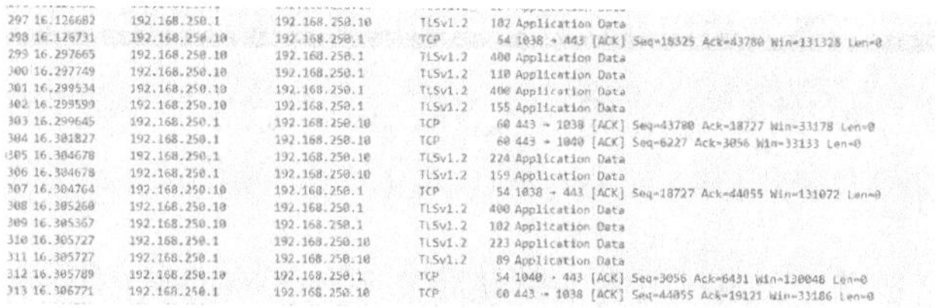

297	16.126682	192.168.250.1	192.168.250.10	TLSv1.2	102 Application Data
298	16.126731	192.168.250.10	192.168.250.1	TCP	54 1038 → 443 [ACK] Seq=18325 Ack=43780 Win=131328 Len=0
299	16.297665	192.168.250.10	192.168.250.1	TLSv1.2	400 Application Data
300	16.297749	192.168.250.10	192.168.250.1	TLSv1.2	110 Application Data
301	16.299534	192.168.250.10	192.168.250.1	TLSv1.2	400 Application Data
302	16.299599	192.168.250.10	192.168.250.1	TLSv1.2	155 Application Data
303	16.299645	192.168.250.1	192.168.250.10	TCP	60 443 → 1038 [ACK] Seq=43780 Ack=18727 Win=33178 Len=0
304	16.301827	192.168.250.1	192.168.250.10	TCP	60 443 → 1040 [ACK] Seq=6227 Ack=3056 Win=33133 Len=0
305	16.304678	192.168.250.1	192.168.250.10	TLSv1.2	224 Application Data
306	16.304678	192.168.250.1	192.168.250.10	TLSv1.2	159 Application Data
307	16.304764	192.168.250.10	192.168.250.1	TCP	54 1038 → 443 [ACK] Seq=18727 Ack=44055 Win=131072 Len=0
308	16.305260	192.168.250.10	192.168.250.1	TLSv1.2	400 Application Data
309	16.305367	192.168.250.10	192.168.250.1	TLSv1.2	102 Application Data
310	16.305727	192.168.250.1	192.168.250.10	TLSv1.2	223 Application Data
311	16.305727	192.168.250.1	192.168.250.10	TLSv1.2	89 Application Data
312	16.305789	192.168.250.10	192.168.250.1	TCP	54 1040 → 443 [ACK] Seq=3056 Ack=6431 Win=130048 Len=0
313	16.306771	192.168.250.1	192.168.250.10	TCP	60 443 → 1038 [ACK] Seq=44055 Ack=19121 Win=33186 Len=0

图6-12　用户身份鉴别信息加密传输

第 20 节　默认开放服务和端口

一、检测方法

该检测项包括如下内容。

1. 安全要求

默认开放服务和端口的安全要求见 GB 40050-2021 5.6 a）。

默认状态下，被测设备应仅开启必要的服务和对应的端口，应明示所有默认开启的服务、对应的端口及用途，应支持用户关闭默认开启的服务和对应的端口。

2. 预置条件

（1）按测试环境 1 搭建好测试环境。

（2）被测设备以默认状态运行，默认状态为设备出厂设置时的配置状态。

（3）厂商提供所有默认开启的服务、对应的端口及用途、管理员权限账号的说明材料。

3. 检测步骤

（1）使用扫描工具对被测设备进行全端口扫描，查看默认状态开启的服务和对应的端口是否与厂商提供的说明材料内容一致、是否仅开启必要的服务和对应的端口。

（2）配置被测设备，关闭默认开启的端口和服务，使用扫描工具对设备再次进行扫描，查看扫描结果，检查默认开启的端口和服务是否被关闭。

4. 预期结果

（1）在检测步骤（1）中，设备在默认状态下仅开启必要的服务和对应的端口，默认开启的服务和端口与厂商提供的说明材料内容一致。

（2）在检测步骤（2）中，用户可以自行关闭默认开启的服务和对应的端口。

二、检测实施过程要点

（1）使用扫描工具对被测设备进行全端口扫描，检查扫描结果是否与厂商提供的说明材料内容一致，如图 6-13 所示。

（2）检查是否支持用户自行关闭默认开启的服务和对应的端口，如图 6-14 所示。

图6-13　端口扫描结果

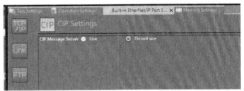

图6-14　关闭默认开启的服务和端口

第21节　　开启非默认开放服务和端口

一、检测方法

该检测项包括如下内容。

1. 安全要求

开启非默认开放服务和端口的安全要求见 GB 40050-2021 5.6 b）。

非默认开放的端口和服务应在用户知晓且同意后才可启用。

2. 预置条件

（1）按测试环境 1 搭建好测试环境。

（2）设备以默认状态运行，默认状态为设备出厂设置时的配置状态。

（3）厂商提供设备非默认开放端口和服务对应关系的说明材料。

（4）厂商提供说明材料，说明开启非默认开放端口和服务的配置方式，以及如何让用户知晓和同意开启非默认开放端口和服务。

3. 检测步骤

按照厂商提供的说明材料配置被测设备，开启非默认开放的端口和服务，确认是否经过用户知晓且同意才可启用。

4. 预期结果

非默认开放的端口和服务应在用户知晓且同意后才可启用。

二、检测实施过程要点

按照用户手册中的操作指南打开非默认开放的端口和服务，在用户知晓且同意后才可启用。

第 22 节　受控资源访问控制功能

一、检测方法

该检测项包括如下内容。

1. 安全要求

受控资源访问控制功能的安全要求见 GB 40050-2021 5.6 c）。

在用户访问受控资源时，支持设置访问控制策略并依据设置的控制策略进行授权和访问控制，确保访问和操作安全。

注 1：受控资源是指需要授予相应权限才可访问的资源。

注 2：常见的访问控制策略包括通过 IP 地址绑定、MAC 地址绑定等安全策略限制可访问的用户等。

2. 预置条件

（1）按测试环境 1 搭建好测试环境。

（2）厂商提供受控资源访问控制功能的相关配置说明。

3. 检测步骤

（1）按照厂商提供的配置说明对被测设备进行配置，对受控资源仅限于授权用户可访问，非授权用户不能访问。

（2）使用配置的用户对受控资源进行访问，确认仅授权用户可访问，非授权用户不能访问。

4. 预期结果

（1）配置成功。

（2）仅授权用户可访问受控资源，非授权用户不能访问受控资源。

二、检测实施过程要点

（1）按照手册 / 说明对 PLC 设备进行配置，为工程 / 程序 /PLC 实时数据设置访问权限，创建授权用户和非授权用户，实现对受控资源的访问控制，如图 6-15 所示。

（2）检查授权用户是否可以访问受控资源，非授权用户是否无法访问受控资源，如图 6-16 所示。

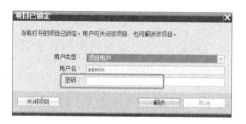

图6-15　访问受控资源需要凭证

图6-16　非授权用户无法访问受控资源

第 23 节　用户权限管理功能

一、检测方法

该检测项包括如下内容。

1. 安全要求

用户权限管理功能的安全要求见 GB 40050-2021 5.6 d）。

被测设备应提供用户分级、分权控制机制。对涉及设备安全的重要功能，仅授权的高权限等级用户可以使用。

注：常见的涉及设备安全的重要功能包括补丁管理、固件管理、日志审计、时间同步等。

2. 预置条件

（1）按测试环境 1 搭建好测试环境。

（2）厂商提供所有默认账号信息及设备管理方式的说明。

3. 检测步骤

（1）分别添加或使用不同权限等级的两个用户 user1、user2。

（2）为 user1 配置低等级权限，仅具有修改自己的口令、状态查询等权限，不支持配置系统信息，不支持涉及设备安全的重要功能如补丁管理、固件管理、日志审计、时间同步等权限。

（3）为 user2 配置高等级权限，具有涉及设备安全的重要功能如补丁管理、固件管理、日志审计、时间同步等权限。

（4）分别使用 user1、user2 登录被测设备，对设备进行修改自己的口令、状态查询、补丁管理、固件管理、日志审计、时间同步等配置或操作。

4. 预期结果

（1）在检测步骤（1）中成功添加 user1 和 user2 两个用户。

（2）在检测步骤（4）中，user1 仅可进行修改自己的口令、状态查询等基本操作，不支持配置系统信息，不支持涉及设备安全的重要功能如补丁管理、固件管理、日志审计、时间同步等配置或操作；user2 支持涉及设备安全的重要功能如补丁管理、固件管理、日志审计、时间同步等配置或操作。

二、检测实施过程要点

（1）分别创建不同权限的用户账号，检查低权限用户是否仅可进行修改自己的口令、状态查询等基本操作，如图 6-17 ～图 6-19 所示。

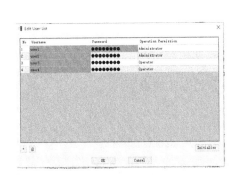

图6-17　创建不同权限的用户账号

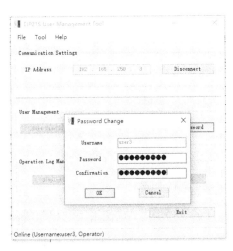

图6-18　低权限用户修改口令

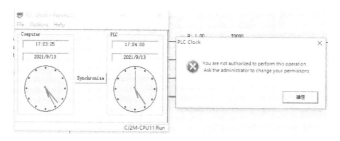

图6-19 低权限用户无法设置时钟同步

（2）检查高权限用户是否支持补丁管理、固件管理、日志审计、时间同步等配置或操作，如图 6-20 和图 6-21 所示。

No	Date	Username	IP Address	Operation Code	Result
1	2021/9/13 17:27:35	user1	192.168.250.11	0x02:Online Connection	Normal exit
2	2021/9/13 17:26:31	user1	192.168.250.11	0x0A:PLC Operation Mode (PROG...	Normal exit
3	2021/9/13 17:25:50	user1	192.168.250.11	0x02:Online Connection	Normal exit
4	2021/9/13 17:25:27	user1	192.168.250.11	0x03:Write User Authenticatio...	Normal exit
5	2021/9/13 17:25:12	user1	192.168.250.11	0x02:Online Connection	Normal exit
6	2021/9/13 17:23:33	user3	192.168.250.11	0x02:Online Connection	Normal exit
7	2021/9/13 17:22:05	user3	192.168.250.11	0x02:Online Connection	Normal exit
8	2021/9/13 17:20:52	user1	192.168.250.11	0x02:Online Connection	Normal exit
9	2021/9/13 17:20:28	user1	192.168.250.11	0x04:Get Important Operation Log	Normal exit
10	2021/9/13 17:20:25	user1	192.168.250.11	0x02:Online Connection	Normal exit
11	2021/9/13 17:20:06	user3	192.168.250.11	0x02:Online Connection	Normal exit
12	2021/9/13 17:19:42	user3	192.168.250.11	0x02:Online Connection	Normal exit
13	2021/9/13 17:18:00	user3	192.168.250.11	0x02:Online Connection	Normal exit
14	2021/9/13 17:17:45	user1	192.168.250.11	0x0C:PLC Operation Mode (RUN)	Normal exit
15	2021/9/13 17:17:43	user1	192.168.250.11	0x02:Online Connection	Normal exit
16	2021/9/13 17:15:42	user3	192.168.250.11	0x02:Online Connection	Normal exit

Export   OK

图6-20 高权限可以进行日志审计

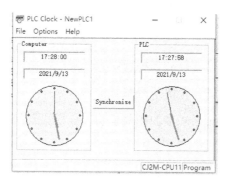

图6-21 高权限用户可以设置时钟同步

第 24 节　　日志记录和要素

一、检测方法

该检测项包括如下内容。

1. 安全要求

日志记录和要素的安全要求见 GB 40050-2021 5.7 a)、GB 40050-2021 5.7 c)和 GB 40050-2021 5.7 f)。

（1）被测设备应提供日志审计功能，对用户关键操作行为和重要安全事件进行记录，应支持对影响设备运行安全的事件进行告警提示。

注：常见的用户关键操作包括增加／删除账户、修改鉴别信息、修改关键配置、文件上传／下载、用户登录／注销、用户权限修改、重启／关闭设备、编程逻辑下载、运行参数修改等。

（2）日志审计功能应记录必要的日志要素，为查阅和分析提供足够的信息。

注：常见的日志要素包括事件发生的日期和时间、主体、类型、结果、源 IP 地址等。

（3）不应在日志中明文或弱加密记录敏感数据。

注：常见的弱加密方式包括信息摘要算法（MD5）、Base64 等。

2. 预置条件

（1）按测试环境 1 搭建好测试环境。

（2）厂商提供包括管理员等所有账号信息。

（3）厂商提供日志记录功能的相关说明，包括记录的事件类型、要素等。

3. 检测步骤

（1）使用具有管理员权限的账号，通过远程管理方式登录被测设备，进行增加／删除账户、修改鉴别信息、修改用户权限等操作。

（2）使用系统默认的账号或新增账号登录 / 退出设备、查看日志，日志应记录相应操作。

（3）使用管理员权限账号进行设备配置、重启、关闭、软件更新、修改 IP 地址等操作。

（4）使用具有管理员权限的账号登录被测设备，进行关于配置用户口令、SNMP 团体名、Web 登录或配置私钥等敏感数据操作。

（5）查看日志，应该记录以上操作行为。

（6）检查日志审计记录中是否包含必要的日志要素，至少包括事件发生的日期和时间、主体（如登录账号等）、事件描述（如类型、操作结果等）、源 IP 地址（采用远程管理方式时）等。

（7）查看日志的记录内容中是否包含明文或弱加密记录敏感数据等。

4. 预期结果

（1）针对设备的配置、系统安全相关操作等事件均被记录在日志中。

（2）日志记录格式符合文档要求，日志审计记录中包含必要的日志要素，如事件发生的日期和时间、主体（如登录账号等）、事件描述（如类型、操作结果等）、源 IP 地址（采用远程管理方式时）等。

（3）日志中不存在明文或弱加密（如 MD5、BASE64、ASCII 码转换等）记录敏感数据，如用户口令、SNMP 团体名、WEB 会话 ID 及私钥等。

二、检测实施过程要点

（1）检查用户的关键操作，如增加 / 删除账户、修改鉴别信息、修改关键配置、文件上传 / 下载、用户登录 / 注销、用户权限修改、重启 / 关闭设备、编程逻辑下载、运行参数修改等是否记录到日志中。

（2）检查日志审计记录是否包含必要的日志要素，如事件发生的日期和时间、主体、类型、结果、源 IP 地址等。

（3）检查日志中是否存在明文或弱加密记录敏感数据。

第25节　　日志信息本地存储安全

一、检测方法

该检测项包括如下内容。

1. 安全要求

日志信息本地存储的安全要求见GB 40050-2021 5.7 b）和GB 40050-2021 5.7 e）。

被测设备应提供日志信息本地存储功能，以及本地日志存储空间耗尽处理功能。

注：本地日志存储空间耗尽时常见的处理功能包括剩余存储空间低于阈值时进行告警、循环覆盖等。

2. 预置条件

（1）按测试环境1搭建好测试环境。

（2）厂商提供包括管理员等所有账号信息。

（3）厂商提供日志存储空间告警阈值设置信息、触发日志循环覆盖的条件（如日志记录数量的最大值、日志文件存储最大值等）说明。

3. 检测步骤

（1）使用具有管理员权限的账号登录被测设备。

（2）反复进行触发日志记录行为的操作（如登录、登出等），直到日志记录剩余存储空间低于阈值，或达到触发日志循环覆盖的条件（如日志记录条目数达到最大值或日志文件存储达到最大值）。

（3）查看日志是否进行了本地存储。

（4）如设备支持剩余日志存储空间低于阈值时进行告警的功能，查看检测步骤（2）是否产生了日志记录剩余存储空间低于阈值的告警；如设备支持循环覆盖，查看检测步骤（2）中的操作是否产生了日志覆盖，且应是最新产生的日志对最早产生的日志进行覆盖。

4. 预期结果

（1）在检测步骤（3）中，能够看到被测设备本地存储的日志信息。

（2）在检测步骤（4）中，产生了日志记录剩余存储空间低于阈值的告警或实现了日志的循环覆盖。

二、检测实施过程要点

（1）按照 PLC 设备厂商提供的方法，查看 PLC 设备存储的本地日志，如图 6-22 所示。

图6-22　本地日志

（2）根据 PLC 设备厂商提供的日志空间耗尽时的处理方案，反复进行触发日志记录行为的操作，达到触发日志循环覆盖的条件，检查日志是否执行了空间耗尽处理方案。

第26节　日志信息输出功能

一、检测方法

该检测项包括如下内容。

1. 安全要求

日志信息输出功能的安全要求见 GB 40050-2021 5.7 b）。

被测设备支持日志信息输出功能。

2. 预置条件

（1）按测试环境 1 搭建好测试环境。

（2）厂商提供包括管理员等所有账号信息。

（3）厂商提供日志输出功能的说明，包括输出形式、方式、配置方法等。

3. 检测步骤

（1）使用具有管理员权限的账号登录被测设备。

（2）配置被测设备，触发日志数据输出操作，如将日志数据传输到远端服务器或手动导出等。

（3）查看日志数据输出操作是否成功，日志数据接收端是否有相关日志信息。

4. 预期结果

（1）在检测步骤（2）中，被测设备支持日志信息输出功能。

（2）在检测步骤（3）中，日志数据输出操作成功，日志数据接收端有相关日志信息。

二、检测实施过程要点

（1）检查被测设备的日志信息输出功能。日志信息输出功能既可以是日志实时传输到日志服务器，也可以手动导出，图 6-23 所示为手动导出日志。

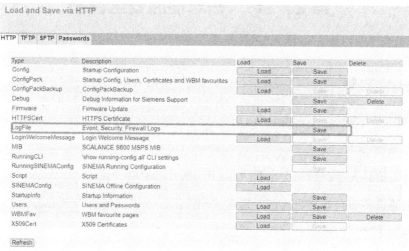

图6-23　导出日志

（2）检查接收端是否可以正常查看输出 / 导出的日志，如图 6-24 所示。

图6-24　查看输出/导出的日志

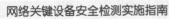

第 27 节　日志信息安全保护

一、检测方法

该检测项包括如下内容。

1. 安全要求

日志信息安全保护的安全要求见 GB 40050-2021 5.7 d）。

被测设备应具备对日志在本地存储和输出过程进行保护的安全功能，防止日志内容被未经授权地查看、输出或删除。

注：常见的日志信息安全保护功能包括用户授权访问控制等。

2. 预置条件

（1）按测试环境 1 搭建好测试环境。

（2）厂商提供具备对日志进行不同操作权限的账号，并说明不同权限账号所具备的日志操作权限。

3. 检测步骤

（1）使用授权账号登录被测设备，检查该用户是否可以查看、输出、删除本地日志信息。

（2）使用非授权账号登录被测设备，检查该用户是否可以查看、输出、删除日志信息。

4. 预期结果

只有获得授权的用户才能对日志内容进行查看、输出或删除等操作。

二、检测实施过程要点

（1）创建不同权限的账号。非授权账号登录被测设备，检查该用户是否无法查看、输出、删除日志信息，如图 6-25 和图 6-26 所示。

图6-25　创建不同权限的账号

图6-26　非授权账号无法查看、输出、删除日志信息

（2）授权账号登录被测设备，检查该用户是否可以查看、输出、删除日志信息，如图 6-27 ～图 6-29 所示。

图6-27　授权账号可以查看日志信息

图6-28　授权账号可以输出日志信息

图6-29　授权账号可以删除日志信息

第28节　管理协议安全

一、检测方法

该检测项包括如下内容。

1. 安全要求

管理协议的安全要求见 GB 40050-2021 5.8 a）。

被测设备应支持与管理系统（管理用户）建立安全的通信信道 / 路径，保障通信数据的保密性、完整性。

2. 预置条件

（1）按测试环境 1 搭建好测试环境。

（2）厂商提供设备支持的安全协议说明材料。

3. 检测步骤

尝试使用安全协议对被测设备进行管理和操作。

4. 预期结果

在检测步骤中，被测设备应支持使用至少一种安全协议对设备进行管理，保障通信数据的保密性、完整性。

二、检测实施过程要点

按照 PLC 设备厂商提供的说明材料设置安全通信信道 / 路径，抓包验证通信数据是否进行了加密传输。图 6-30 所示为使用 SSL/TLS 安全协议为通信数据加密。

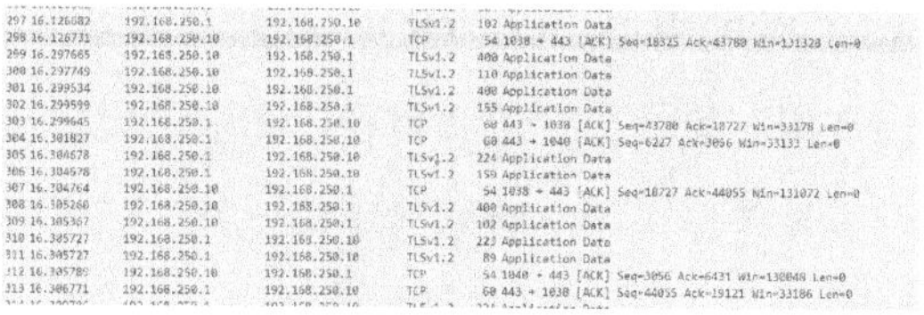

图6-30　通信数据加密

第 29 节　协议健壮性安全

一、检测方法

该检测项包括如下内容。

1. 安全要求

协议健壮性的安全要求见 GB 40050-2021 5.8 b）。

被测设备应满足通信协议健壮性要求，防范异常报文攻击。

注：网络关键设备使用的、常见的通信协议包括 IPv4/v6、TCP、UDP 等基础通信协议，SNMP、SSH、HTTP 等网络管理协议，路由协议、工业控制协议等专用通信协议，以及其他网络应用场景中的专用通信协议。

2. 预置条件

厂商提供有关通信协议健壮性的测试材料。

3. 检测步骤

检查有关通信协议健壮性的测试材料。

4. 预期结果

（1）在检测步骤中，厂商提供的基础通信协议健壮性测试的证明材料可信。

（2）测试材料应由独立于设备提供方和设备使用方的第三方机构出具，测试材料中的测试过程应与《3GPP TS 33.117 Catalogue of general security assurance requirements》中 "4.4.4 Robustness and fuzz testing" 的要求一致。

（3）厂商应提供被测对象一致性说明材料，如被测设备与提供的测试材料中被测对象的软件仅有少量差异（如小版本号不同、补丁版本号不同等）时，厂商补充提供差异部分的测试材料。

二、检测实施过程要点

检查厂商提供的基础通信协议健壮性测试的证明材料。

查看厂商提供的通信协议健壮性测试材料（第三方检测报告），如图 6-31 所示。

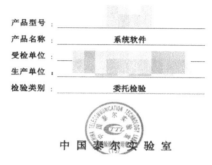

图6-31　协议健壮性第三方测试报告

第 30 节　时间同步功能

一、检测方法

该检测项包括如下内容。

1. 安全要求

时间同步功能的安全要求见 GB 40050-2021 5.8 c）。

被测设备应支持时间同步功能。

2.预置条件

（1）按测试环境 1 搭建好测试环境。

（2）厂商提供被测设备 NTP 等时间同步的说明材料。

（3）设备开机正常运行。

3.检测步骤

配置被测设备，开启时间同步功能（如 NTP 等），并测试其是否能够进行时间同步。

4.预期结果

被测设备支持使用 NTP 或其他方式实现时间同步功能。

二、检测实施过程要点

（1）PLC 设备一般通过 NTP 来实现时间同步功能，也有的 PLC 设备支持其他方式的时间同步。按照 PLC 设备厂商提供的说明材料配置时间同步功能，如图 6-32 和图 6-33 所示。

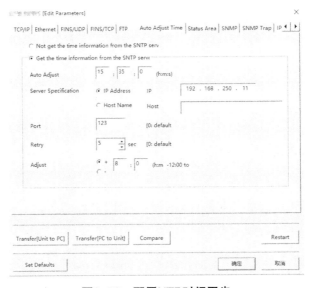

图6-32　配置NTP时间同步

图6-33　配置从PG/PC同步时间

（2）等待一个校时周期后，检查 PLC 设备时间是否与时钟服务器同步，如图 6-34 和图 6-35 所示。

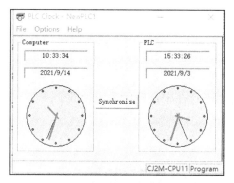

图6-34　时钟同步前

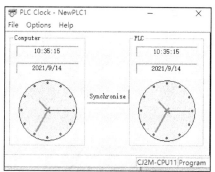

图6-35　时钟同步后

第 31 节　协议声明

一、检测方法

该检测项包括如下内容。

1. 安全要求

协议声明的安全要求见 GB 40050-2021 5.8 d）。

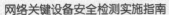

应不存在未声明的私有协议。

2. 预置条件

厂商提供被测设备支持的所有协议以及不存在未声明的私有协议的说明材料。

3. 检测步骤

检查厂商提供的材料，确认是否提供了被测设备支持的所有协议以及不存在未声明的私有协议的说明材料。

4. 预期结果

厂商提供了被测设备支持的所有协议以及不存在未声明的私有协议的说明材料。

二、检测实施过程要点

（1）PLC 设备支持的私有协议及使用的端口一般在用户手册中说明，检查设备厂商公开的私有协议说明。

（2）检查 PLC 设备厂商是否公开说明不存在未声明的私有协议。

第 32 节　　重放攻击防范能力

一、检测方法

该检测项包括如下内容。

1. 安全要求

重放攻击防范能力的安全要求见 GB 40050-2021 5.8 e）。

被测设备应具备抵御常见重放类攻击的能力。

注：常见的重放类攻击包括各类网络管理协议的身份鉴别信息重放攻击、设

备控制数据重放攻击等。

2. 预置条件

按测试环境 1 搭建好测试环境。

3. 检测步骤

（1）配置被测设备，开启相关协议功能。

（2）建立连接，抓取并保存认证凭据，通过退出或更改等手段解除连接，重新发送保存的认证凭据，查看连接情况。

4. 预期结果

在检测步骤（2）中，连接失败。

二、检测实施过程要点

（1）通过代理将连接过程数据包转到包分析工具，检查报文是否带认证信息或其他唯一性标识。

（2）使用数据包重放工具，无条件重放 / 简单重放抓取的认证信息，检查连接情况，如图 6-36 所示。

图6-36　连接情况

第 33 节　　敏感数据保护功能

一、检测方法

该检测项包括如下内容。

1. 安全要求

敏感数据保护功能的安全要求见 GB 40050-2021 5.9 a）。

被测设备应具备防止数据泄露、数据非授权读取和修改的安全功能，对存储在设备中的敏感数据进行保护。

2. 预置条件

（1）按测试环境 1 搭建好测试环境。

（2）厂商提供说明材料，说明存储在被测设备上的敏感数据类型及查看方式。

3. 检测步骤

（1）查看被测设备中的用户口令和协议加密口令，检查是否以密文形式存储或不显示。

（2）在运行系统中查看各类口令，检查是否以密文形式存储或不显示。

（3）查看配置文件中的各类口令，检查是否以密文形式存储或不显示。

4. 预期结果

（1）被测设备中的用户口令和协议加密口令均以密文形式存储或不显示。

（2）运行系统中的各类口令均显示为密文或不显示。

（3）配置文件中存储的口令均显示为密文或不显示。

二、检测实施过程要点

根据 PLC 设备厂商提供的口令存储位置及查看方式检查系统文件 / 配置文

件，确认口令以加密方式存储。图 6-37 所示为用户名为 guoguo 的口令加密存储。

图6-37 用户身份鉴别信息加密存储

第 34 节 数据删除功能

一、检测方法

该检测项包括如下内容。

1. 安全要求

数据删除功能的安全要求见 GB 40050-2021 5.9 b）。

被测设备应具备对用户产生且存储在设备中的数据进行授权删除的功能，支持在删除前对该操作进行确认。

注：用户产生且存储在设备中的数据通常包括日志、配置文件等。

2. 预置条件

（1）按测试环境 1 搭建好测试环境。

（2）根据设备登录方式的说明材料，用户使用具有管理员权限的账号登录被测设备。

（3）设备应支持包括并不限于如下权限用户：查询权限、配置权限、管理员权限、系统维护权限等。

（4）管理员权限、系统维护权限账户为授权账户，可以删除日志信息。

3. 检测步骤

（1）分别用授权账户和非授权账户对系统中的日志信息进行删除。

（2）分别用授权账户和非授权账户对系统中存储的配置文件进行删除。

4. 预期结果

（1）授权账户可以成功删除系统中的日志信息。

（2）非授权账户无法删除系统中的日志信息。

（3）授权账户可以成功删除系统中存储的配置文件，删除前应支持对删除操作进行确认。

（4）非授权账户无法删除系统中存储的配置文件。

二、检测实施过程要点

（1）创建不同权限级别的用户，授予其中一个用户管理员权限，检查管理员权限用户是否可以删除系统日志信息，是否可以删除系统中存储的配置文件，如图 6-38 和图 6-39 所示。

图6-38　授权账户可以删除系统日志信息　图6-39　授权账户可以删除配置文件

（2）检查非授权用户是否可以删除系统日志信息，是否可以删除系统中存储的配置文件，如图 6-40 和图 6-41 所示。

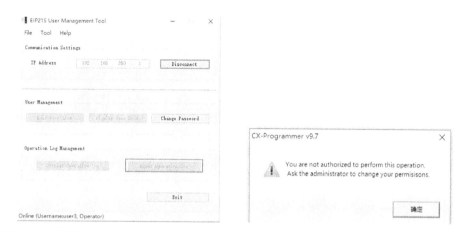

图6-40　非授权账户不能删除系统日志信息　图6-41　非授权账户不能删除配置文件

第 7 章

安全保障测评

第 1 节　　设计和开发环节风险识别

检测方法

该评估项包括如下内容。

1. 安全要求

设计和开发环节风险识别的安全要求见 GB 40050-2021 6.1 a）。

应在设备设计和开发环节识别安全风险，制定安全策略。

注：设备设计和开发环节的常见安全风险包括开发环境的安全风险、第三方组件引入的安全风险、开发人员导致的安全风险等。

2. 预置条件

厂商提供说明材料，说明在设备设计和开发环节识别的安全风险及相应的安全策略。

3. 检测步骤

查看厂商提供的说明材料，确认是否对设备在设计和开发环节的主要安全风险进行了识别，确认是否明确了相应的安全策略。

4. 预期结果

说明材料明确体现了设备在设计和开发环节的主要安全风险，如开发环境的安全风险、第三方组件引入的安全风险、开发人员导致的安全风险等，并且明确了相应的安全策略。

第 2 节　设备安全设计和开发操作规程

检测方法

该评估项包括如下内容。

1. 安全要求

设备安全设计和开发操作规程的安全要求见 GB 40050-2021 6.1 b）。

应建立设备安全设计和开发操作规程，保障安全策略落实到设计和开发的整个过程。

2. 预置条件

厂商提供说明材料，说明设备安全设计和开发操作规程。

3. 检测步骤

查看厂商提供的说明材料，确认是否有设备安全设计和开发操作规程。

4. 预期结果

说明材料明确体现了设备安全设计和开发的操作规程。

第 3 节　配置管理及变更

检测方法

该评估项包括如下内容。

1. 安全要求

配置管理及变更的安全要求见 GB 40050-2021 6.1 c）。

应建立配置管理程序及相应配置项清单，配置管理系统应能够跟踪内容变更，并对变更进行授权和控制。

2. 预置条件

厂商提供配置管理程序及相应配置项清单，以及变更控制记录。

3. 检测步骤

（1）查看厂商提供的配置管理程序及相应配置项清单。

（2）确认已发生的变更情况，查看厂商提供的变更控制记录。

4. 预期结果

（1）厂商应配备配置管理程序及相应配置项清单。

（2）厂商应能提供准确一致的变更控制记录。

第4节　恶意程序防范

检测方法

该评估项包括如下内容。

1. 安全要求

恶意程序防范的安全要求见 GB 40050-2021 6.1 d）、GB 40050-2021 e）和 GB 40050-2021 f）。

（1）应采取措施防范设备被植入恶意程序。

（2）应采取措施防范设备被设置隐蔽的接口或功能模块。

（3）应采取措施防范第三方关键部件、固件或软件可能引入的安全风险。

2. 预置条件

（1）厂商提供防范设备被植入恶意程序的说明材料。

（2）厂商提供防范设备被设置隐蔽的接口或功能模块的说明材料。

（3）厂商提供防范第三方关键部件、固件或软件可能引入的安全风险的说明材料。

3. 检测步骤

（1）检查厂商提供防范设备被植入恶意程序的说明材料，确认是否验证防范措施的有效性，确认措施的实施记录。

（2）检查厂商提供防范设备被设置隐蔽的接口或功能模块的说明材料，确认是否验证防范措施的有效性，确认措施的实施记录。

（3）厂商提供防范第三方关键部件、固件或软件可能引入的安全风险的说明材料，确认是否验证防范措施的有效性，确认措施的实施记录。

4. 预期结果

（1）厂商能够提供防范设备被植入恶意程序的说明材料，验证了防范措施的有效性，留存了措施的实施记录。

（2）厂商能够提供防范设备被设置隐蔽的接口或功能模块的说明材料，验证了防范措施的有效性，留存了措施的实施记录。

（3）厂商能够提供防范第三方关键部件、固件或软件可能引入的安全风险的说明材料，验证了防范措施的有效性，留存了措施的实施记录。

第 5 节　设备安全测试

检测方法

该评估项包括如下内容。

1. 安全要求

设备安全测试的安全要求见 GB 40050-2021 6.1 g）。

应采用漏洞扫描、病毒扫描、代码审计、健壮性测试、渗透测试和安全功能验证的方式对设备进行安全性测试。

2. 预置条件

厂商提供设备安全测试的说明材料。

3. 检测步骤

查看厂商提供的说明材料，确认是否包含漏洞扫描、病毒扫描、代码审计、健壮性测试、渗透测试和安全功能验证等内容。

4. 预期结果

说明材料明确体现了含漏洞扫描、病毒扫描、代码审计、健壮性测试、渗透测试和安全功能验证等内容。

第6节　安全缺陷与漏洞的修复和补救

检测方法

该评估项包括如下内容。

1. 安全要求

安全缺陷与漏洞的修复和补救的安全要求见 GB 40050-2021 6.1 h）。

应对已发现的安全缺陷、漏洞等安全问题进行修复或提供补救措施。

2. 预置条件

厂商提供设备安全缺陷、漏洞等的修复说明材料或补救措施说明材料。

3. 检测步骤

选取厂商已公布的漏洞，查看厂商提供的说明材料，确认是否包含漏洞的修复说明或补救措施说明，如存在补救措施，确认是否对补救措施的有效性进行了验证。

4. 预期结果

说明材料明确体现了漏洞的修复说明或补救措施说明，如存在补救措施，则存在对补救措施的有效性进行验证的记录。

第7节 生产和交付环节风险识别

检测方法

该评估项包括如下内容。

1. 安全要求

生产和交付环节风险识别的安全要求见 GB 40050-2021 6.2 a)。

应在设备生产和交付环节识别安全风险，制定安全策略。

注： 生产和交付环节的常见安全风险包括自制或采购的组件被篡改、伪造等风险，生产环境存在的安全风险、设备被植入的安全风险、设备存在漏洞的安全风险、物流运输的风险等。

2. 预置条件

厂商提供说明材料，说明在设备生产和交付环节识别的安全风险及相应的安全策略。

3. 检测步骤

查看厂商提供的说明材料，确认是否识别出设备在生产和交付环节的主要安全风险，确认是否明确相应的安全策略。

4. 预期结果

说明材料明确体现了设备在生产和交付环节的主要安全风险，自制或采购的组件被篡改、伪造等风险，生产环境存在的安全风险、设备被植入的安全风险、设备存在漏洞的安全风险、物流运输的风险等，并且明确相应的安全策略。

第8节　完整性检测

检测方法

该评估项包括如下内容。

1. 安全要求

完整性检测的安全要求见 GB 40050-2021 6.2 b）、GB 40050-2021 6.2 c）、GB 40050-2021 6.2 d）和 GB 40050-2021 6.2 e）。

（1）应建立并实施规范的设备生产流程，在关键环节实施安全检查和完整性验证。

（2）应建立和执行规范的设备完整性检测流程，采取措施防范自制或采购的组件被篡改、伪造等风险。

（3）应对预装软件在安装前进行完整性校验。

（4）应为用户提供验证所交付设备完整性的工具或方法，防范设备在交付过程中完整性被破坏。

注：验证所交付设备完整性的常见工具或方法包括防拆标签、数字签名／证书等。

2. 预置条件

（1）厂商提供说明材料，说明已建立和执行规范的设备完整性检测流程。

（2）厂商提供说明材料，说明已采取措施防范自制或采购的组件被篡改、伪造等风险。

（3）厂商提供预装软件安装前的完整性校验记录。

（4）厂商为用户提供验证所交付设备完整性的工具或方法。

3. 检测步骤

（1）查看厂商提供的说明材料，确认是否已建立和执行规范的设备完整性检测流程。

（2）查看厂商提供的说明材料，确认是否采取措施防范自制或采购的组件被篡改、伪造等风险，确认是否验证措施的有效性。

（3）查看预装软件安装前的完整性校验记录。

（4）查看厂商为用户提供的验证所交付设备完整性的工具或方法，验证工具的有效性。

4. 预期结果

（1）厂商提供的说明材料明确说明已建立和执行规范的设备完整性检测流程。

（2）厂商提供的说明材料明确说明已采取措施防范自制或采购的组件被篡改、伪造等风险，已验证措施的有效性。

（3）厂商留存了准确一致的预装软件安装前的完整性校验记录。

（4）厂商能够为用户提供验证所交付设备完整性的工具或方法，使用提供的工具或方法能够验证设备的完整性。

第 9 节　指导性文档

检测方法

该评估项包括如下内容。

1. 安全要求

指导性文档的安全要求见 GB 40050-2021 6.2 f）。

应为用户提供操作指南和安全配置指南等指导性文档，以说明设备的安装、生成和启动的过程，并对设备功能的现场调试、运行提供详细的描述。

2. 预置条件

厂商提供用户指导性材料。

3. 检测步骤

查看厂商提供的用户指导性材料，确认是否包括操作指南和安全配置指南等内容，确认是否说明设备的安装、生成和启动的过程，确认是否对设备功能的现场调试、运行提供详细的描述。

4. 预期结果

厂商提供的用户指导性材料包括操作指南和安全配置指南等内容，说明设备的安装、生成和启动的过程，对设备功能的现场调试、运行提供详细的描述。

第 10 节 　 默认端口号与网络服务映射关系

检测方法

该评估项包括如下内容。

1. 安全要求

默认端口号与网络服务映射关系的安全要求见 GB 40050-2021 6.2 g）。

厂商应提供设备服务与默认端口号的映射关系说明。

2. 预置条件

厂商提供设备服务与默认端口号的映射关系说明。

3. 检测步骤

查看厂商提供的设备服务与默认端口号的映射关系说明材料，确认是否明确描述默认开放的端口信息及对应的网络服务。

4. 预期结果

厂商提供的设备服务与默认端口号的映射关系说明材料明确描述默认开放的端口信息及对应的网络服务。

第 11 节　私有协议

检测方法

该评估项包括如下内容。

1. 安全要求

私有协议的安全要求见 GB 40050-2021 6.2 h）。

应声明设备中存在的通过设备外部接口进行通信的私有协议并说明其用途，私有协议不应存在所声明范围之外的用途。

2. 预置条件

厂商提供设备私有协议的说明材料。

3. 检测步骤

查看厂商提供的私有协议说明材料，确认是否声明设备中存在的通过设备外部接口进行通信的私有协议并说明其用途，确认是否说明私有协议不存在所声明范围之外的用途。

4. 预期结果

厂商能够提供正式的私有协议说明材料，声明设备中存在的通过设备外部接口进行通信的私有协议并说明其用途，说明私有协议不存在所声明范围之外的用途。

第12节　设备交付前的安全漏洞补救措施

检测方法

该评估项包括如下内容。

1. 安全要求

设备交付前的安全漏洞补救措施的安全要求见 GB 40050-2021 6.2 i）。

设备交付前，发现存在已知漏洞应当立即采取补救措施。

2. 预置条件

厂商提供设备交付前的安全漏洞处置流程的说明材料。

3. 检测步骤

（1）检查厂商提供的设备交付前的安全漏洞处置流程说明材料，确认是否包括采取补救措施的内容。

（2）选取厂商在设备交付前发现的漏洞，查看厂商的补救措施和验证材料。

4. 预期结果

（1）说明材料明确包括采取补救措施的内容。

（2）厂商在设备交付前发现的漏洞具备补救措施及处置记录。

第 13 节　　运行和维护环节风险识别

检测方法

该评估项包括如下内容。

1. 安全要求

运行和维护环节风险识别硬件标识的安全要求见 GB 40050-2021 6.3 a）。

应识别在运行环节存在的设备自身安全风险（不包括网络环境安全风险），以及对设备进行维护时引入的安全风险，制定安全策略。

2. 预置条件

（1）厂商提供说明材料，说明在运行环节存在的设备自身安全风险及相应的安全策略。

（2）厂商提供说明材料，说明对设备进行维护时引入的安全风险及相应的安全策略。

3. 检测步骤

（1）查看厂商提供的说明材料，确认是否识别出设备运行环节存在的设备自身安全风险，确认是否明确相应的安全策略。

（2）查看厂商提供的说明材料，确认是否识别出对设备进行维护时引入的安全风险，确认是否明确相应的安全策略。

4. 预期结果

（1）厂商提供的说明材料明确体现了设备在运行环节的主要安全风险，并且明确了相应的安全策略。

（2）厂商提供的说明材料明确体现了对设备进行维护时引入的主要安全风

险，并且明确了相应的安全策略。

<h1 style="text-align:center">第 14 节　安全事件的应急响应</h1>

检测方法

该评估项包括如下内容。

1. 安全要求

安全事件的应急响应的安全要求见 GB 40050-2021 6.3 b）。

应建立并执行针对设备安全事件的应急响应机制和流程，并为应急处置配备相应的资源。

2. 预置条件

厂商提供说明材料，说明针对设备安全事件的应急响应机制和流程，以及为应急处置配备的资源。

3. 检测步骤

（1）查看厂商提供的说明材料，确认是否建立针对设备安全事件的应急响应机制和流程。

（2）查看厂商提供的说明材料，确认是否执行针对设备安全事件的应急响应机制和流程，检查执行记录。

（3）查看厂商提供的说明材料，确认是否为应急处置配备相应的资源，包括管理人员、技术人员等。

4. 预期结果

（1）厂商提供的说明材料明确体现了已建立针对设备安全事件的应急响应机制和流程。

（2）厂商提供的说明材料明确体现了已执行针对设备安全事件的应急响应机制和流程，并留存了相应的执行记录。

（3）厂商提供的说明材料明确体现了为应急处置配备的资源，包括管理人员、技术人员等。

第15节　设备交付后的安全漏洞补救措施

检测方法

该评估项包括如下内容。

1. 安全要求

设备交付后的安全漏洞补救措施的安全要求见 GB 40050-2021 6.3 c）。

在发现设备存在安全缺陷、漏洞等安全风险时，应采取修复或替代方案等补救措施，按照有关规定及时告知用户并向有关主管部门报告。

2. 预置条件

厂商提供设备交付后的安全漏洞处置流程的说明材料。

3. 检测步骤

检查厂商提供的设备交付后的安全漏洞处置流程说明材料，确认是否在发现设备存在安全缺陷、漏洞等安全风险时采取修复或替代方案等补救措施，按照有关规定及时告知用户。

4. 预期结果

说明材料明确包括设备交付后的安全漏洞处置流程，在发现设备存在安全缺陷、漏洞等安全风险时采取修复或替代方案等补救措施，按照有关规定及时告知用户，留存了补救措施记录、验证材料和报告记录。

第 16 节　　远程维护

检测方法

该评估项包括如下内容。

1. 安全要求

远程维护的安全要求见 GB 40050-2021 6.3 d）和 GB 40050-2021 6.3 e）。

（1）在对设备进行远程维护时，应明示维护内容、风险及应对措施，应留存不可更改的远程维护日志记录，记录内容应至少包括维护时间、维护内容、维护人员、远程维护方式及工具。

注：常见的远程维护包括对设备的远程升级、配置修改、数据读取、远程诊断等操作。

（2）在对设备进行远程维护时，应获得用户授权，并支持用户中止远程维护，应留存授权记录。

2. 预置条件

厂商提供设备远程维护的操作规程和实施记录。

3. 检测步骤

（1）检查厂商提供的远程维护的操作规程和实施记录，确认是否明示维护内容、风险及应对措施，是否留存不可更改的远程维护日志记录，记录内容是否包括维护时间、维护内容、维护人员、远程维护方式及工具。

（2）检查厂商提供的远程维护的操作规程和实施记录，确认是否留存用户授权记录，确认是否支持用户中止远程维护。

4. 预期结果

（1）远程维护的操作规程和实施记录中明示了维护内容、风险及应对措施，留存不可更改的远程维护日志记录，记录内容包括维护时间、维护内容、维护人员、远程维护方式及工具。

（2）远程维护的操作规程和实施记录中留存用户授权记录，授权方式可以是鉴别信息授权、书面授权等其中的至少一种，能够支持用户中止远程维护。

第 17 节　补丁包 / 升级包的完整性、来源真实性验证

检测方法

该评估项包括如下内容。

1. 安全要求

补丁包 / 升级包的完整性、来源真实性验证的安全要求见 GB 40050-2021 6.3 f)。

应为用户提供对补丁包 / 升级包的完整性、来源真实性进行验证的方法。

2. 预置条件

厂商提供说明材料，说明为用户提供的对补丁包 / 升级包的完整性、来源真实性进行验证的方法。

3. 检测步骤

检查厂商提供的说明材料，确认是否包含为用户提供的对补丁包 / 升级包的完整性、来源真实性进行验证的方法，确认验证方法的有效性。

4. 预期结果

厂商提供的说明材料明确包含为用户提供的对补丁包 / 升级包的完整性、来源真实性进行验证的方法，包含对验证方法的有效性验证。

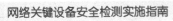

第18节   销毁处理

检测方法

该评估项包括如下内容。

1. 安全要求

销毁处理的安全要求见 GB 40050-2021 6.3 g)、GB 40050-2021 6.3 h)和 GB 40050-2021 6.3 i)。

（1）应为用户提供对废弃（或退役）设备中关键部件或数据进行不可逆的销毁处理的方法。

（2）应为用户提供废弃（或退役）设备回收或再利用前的关于数据泄露等安全风险控制方面的注意事项。

（3）对于维修后再销售或提供的设备或部件，应对设备或部件中的用户数据进行不可逆销毁。

2. 预置条件

（1）厂商提供说明材料，说明为用户提供的对废弃（或退役）设备中关键部件或数据进行不可逆销毁处理的方法。

（2）厂商提供说明材料，说明为用户提供的废弃（或退役）设备回收或再利用前的关于数据泄露等安全风险控制方面的注意事项。

（3）厂商提供说明材料，说明对于维修后再销售或提供的设备或部件中的用户数据进行不可逆销毁的方法和实施记录。

3. 检测步骤

（1）检查厂商提供的说明材料，确认是否包括为用户提供对废弃（或退役）设备中的关键数据或存储关键数据的部件进行不可逆销毁处理的方法，如对存储介质采取低级格式化、拨码、放电、消磁、装备清除、恢复出厂设置等销毁措施。

（2）检查厂商提供的说明材料，确认是否包括为用户提供的废弃（或退役）设备回收或再利用前的关于数据泄露等安全风险控制方面的注意事项。

（3）检查厂商提供的说明材料，确认是否包括对于维修后再销售或提供的设备或部件中的用户数据进行不可逆销毁的方法，确认是否包含对销毁方法的有效性验证，检查实施记录，确认是否按照标准要求对数据进行不可逆销毁。

4. 预期结果

（1）厂商提供的说明材料明确包括为用户提供对废弃（或退役）设备中的关键数据或存储关键数据的部件进行不可逆销毁处理的方法，包含对销毁方法的有效性验证。

（2）厂商提供的说明材料明确包括为用户提供的废弃（或退役）设备回收或再利用前的关于数据泄露等安全风险控制方面的注意事项。

（3）厂商提供的说明材料明确包括对于维修后再销售或提供的设备或部件中的用户数据进行不可逆销毁的方法，包含对销毁方法的有效性验证，存在对应的实施记录，且记录应是按照标准要求对数据进行不可逆销毁。

第 19 节   安全维护要求

检测方法

该评估项包括如下内容。

1. 安全要求

安全维护要求见 GB 40050-2021 6.3 j）。

应在约定的期限内为设备提供持续的安全维护，不应以业务变更、产权变更等原因单方面中断或终止安全维护。

2. 预置条件

厂商提供说明材料，说明与客户约定的安全维护要求。

3. 检测步骤

检查厂商提供的说明材料，确认是否包括在约定的期限内为设备提供持续的安全维护，不应以业务变更、产权变更等原因单方面中断或终止安全维护。

4. 预期结果

厂商提供的说明材料明确包括在约定的期限内，为设备提供持续的安全维护，不应以业务变更、产权变更等原因单方面中断或终止安全维护。

第 20 节　生命周期终止要求

检测方法

该评估项包括如下内容。

1. 安全要求

生命周期终止的安全要求见 GB 40050-2021 6.3 k）。

应向用户告知设备生命周期终止时间。

2. 预置条件

厂商提供说明材料，向用户告知设备生命周期终止时间。

3. 检测步骤

检查厂商提供的说明材料，确认是否明确要求网络关键设备应通过合适的方式（如网站公告等）向用户提前告知设备生命周期终止时间，检查实施记录，确认对停止生命周期的设备进行了提前告知。

4. 预期结果

厂商提供的说明材料明确了厂商通过合适的方式（如网站公告等）向用户提前告知设备生命周期终止时间，存在对停止生命周期的设备进行提前告知的实施记录。

第8章

典型检测工具介绍

第1节　数据网络测试仪——SPT-C1

1. SPT-C1简介

SPT-C1是一款数据网络测试工具，该工具基于IP，可对路由器、交换机、防火墙等不同类型的设备进行测试，主要支持基于IP的各类协议的模拟仿真功能，支持基于RFC2544规范的网络性能测试。

2. 工具测试环境

SPT-C1典型的测试环境如图8-1所示。

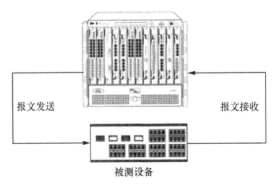

报文发送

报文接收

被测设备

图8-1　工具测试环境示意

3. 工具使用过程

（1）配置连接被测设备。

（2）设置控制端的IP地址，连接测试工具，占用测试端口，如图8-2所示。

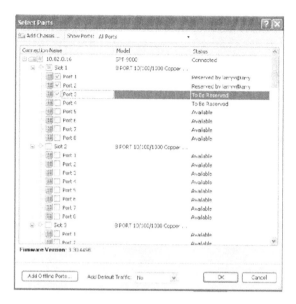

图8-2　占用测试端口

（3）配置端口物理层参数，如图 8-3 所示。

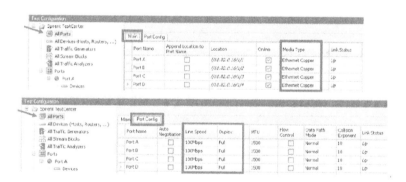

图8-3　配置端口物理层参数

（4）创建网络虚拟设备。

（5）创建数据流节点。

（6）创建数据流量和设置数据流量属性及速率，如图 8-4 所示。

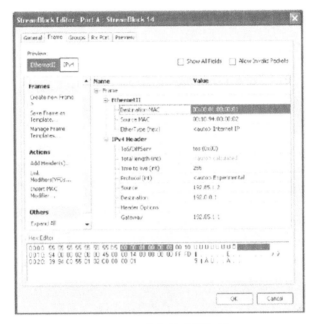

图8-4　设置数据流量属性

（7）编辑数据流量发送方式，编辑流量接收属性，如图 8-5 所示。

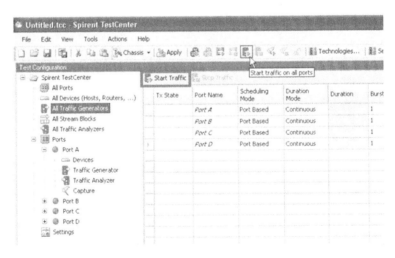

图8-5　编辑数据流量发送方式

（8）启动测试并查看结果。

第 2 节　漏洞测试工具——NESSUS

1. NESSUS 简介

NESSUS 是一款漏洞扫描工具，该工具可对不同类型的主机（如服务器、网络设备、终端等）进行漏洞扫描，并形成相应的报告。NESSUS 支持更新其漏洞数据库，可同时在本机或远端上遥控，分析扫描系统的漏洞，可自定义或选择相关的插件进行扫描。

2. NESSUS 授权信息

使用 NESSUS 扫描漏洞前，需先确认授权是否有效，并确认漏洞插件库是否更新到最新，如图 8-6 所示。

图8-6　NESSUS授权和插件信息确认

3. 工具使用环境

工具使用环境如图 8-7 所示。

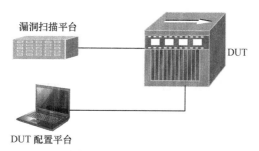

图8-7　工具使用环境

4　设备指纹信息获取

（1）登录设备，查看其操作系统版本、编译时间和设备型号。

（2）获取设备操作系统文件。配置设备的 TFTP 或其他文件服务功能，通过 TFTP 或其他方法下载设备操作系统文件，放至以设备型号命名的文件夹中。

（3）利用 MD5 批量校验工具，计算设备操作系统文件的 MD5 值并记录。

5. 测试步骤

（1）设备配置规程

首先向设备送检方确认设备所支持的功能和协议等信息，确定大致的测试范围，具体测试内容的确定需结合送检方提供的信息和设备的实际情况。在设备支持相应的功能时，具体的设备配置过程如下：

① 配置业务口 IP 地址；

② 添加管理员账号和口令；

③ 配置 Telnet，启用 Telnet 服务，配置 Telnet 用户登录的用户名和口令；

④ 配置 SSH，启用 SSH 服务，配置 SSH 用户登录的用户名和口令，配置密钥对；

⑤ 配置 IPSec，启用 IPSec 功能，与设备相对应的另一端为扫描器所在主机；

⑥ 配置 FTP，启用 FTP server，设置用户名和口令，若不支持，只配置 FTP 客户端；

⑦ 配置 HTTP，开启 Web 管理功能，使用本地的管理员账号和口令进行管理；

⑧ 配置 SSL，开启 HTTPS 服务；

⑨ 配置 SNMP，启用 snmp server，配置 host、community 名称，或者用户名和口令（根据 SNMP 版本）；

⑩ 配置 NTP，以扫描器所在主机作为标准时间服务器，配置北京时区；

⑪ 配置网络设备的其他相关功能。

（2）设备扫描规程——NESSUS

对设备进行扫描，具体过程如下：

① 启动漏洞扫描器，更新漏洞库；

② 在扫描器中配置被测设备地址，选择扫描模板和扫描引擎；

③ 配置与被测设备一致的 Telnet 用户名和口令；

④ 配置与被测设备一致的 SSH 用户名和口令；

⑤ 配置与被测设备一致的 FTP 用户名和口令；

⑥ 配置与被测设备一致的 Web 登录用户名和口令；

⑦ 配置与被测设备一致的 SNMP community 名或者用户名和口令（根据 SNMP 版本）；

⑧ 开始扫描。

（3）生成设备扫描报告

扫描完成后，在扫描器中生成 html 格式的报告，报告名称为设备型号。该报告存放在以设备型号命名的文件夹中。

6. 生成设备漏洞报告

根据录入设备漏洞数据库的被测设备信息和对被测设备扫描的结果，结合漏洞挖掘的结果，形成最终的设备漏洞报告。

第3节　健壮性测试工具——Defensics

1. Defensics 简介

Defensics 是一个健壮性测试平台，能够帮助用户预先发现并修复软件和设备中存在的未知漏洞。通过向软件输入有组织的破坏性数据，试图使系统崩溃，从而发现系统的未知缺陷和漏洞。

2. Defensics 授权信息

（1）IPv4 协议簇（IPv4、TCP、UDP、ICMP、ARP 等）授权信息如图 8-8 所示。

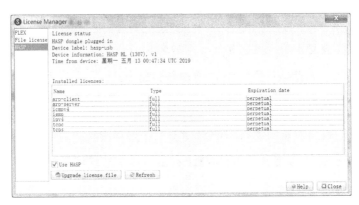

图8-8　IPv4协议簇授权信息

（2）IPv6 协议簇（IPv6、TCPv6、UDPv6、ICMPv6、ND 等）授权信息如图 8-9 所示。

图8-9　IPv6协议簇授权信息

3. 工具使用环境

工具使用环境如图 8-10 所示。

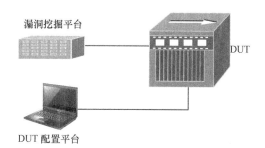

图8-10　工具使用环境

4. 工具原理图

工具原理如图 8-11 所示。

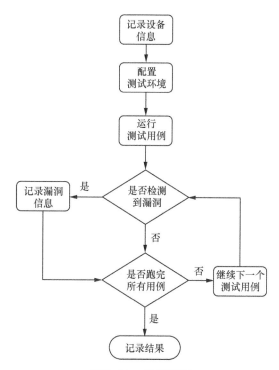

图8-11　工具原理

5.协议健壮性测试过程

（1）基础通信协议测试

① 管理功能配置

（a）配置业务口的 IPv4 和 IPv6 地址。

（b）配置其他参数。

② 测试软件配置及测试

（a）启动测试软件。

（b）配置被测设备地址，如图 8-12 所示。

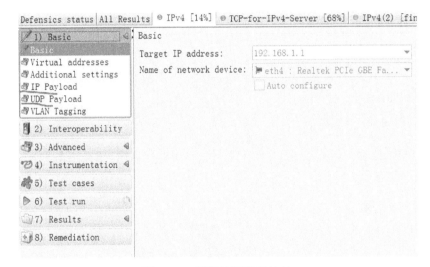

图8-12 配置被测设备地址

（c）开启 IPv4 测试功能，选择测试用例。

（d）运行测试用例，开始 IPv4 健壮性测试。

（e）等待测试软件测完所有的测试用例，记录测试结果。

（f）将协议分别替换为 ICMP、UDP、TCP、ARP、IGMP、IPv6、ICMPv6、TCP-for-IPv6、UDP-for-IPv6 等设备支持的协议，重复步骤（c）～步骤（e），

IPv6 测试配置如图 8-13 所示。

图8-13 IPv6测试配置

（g）发现漏洞后，分析漏洞的危害程度，对漏洞进行定级。

（h）记录测试结果。

（2）生成协议健壮性测试报告

测试完成后，根据测试记录，整理协议健壮性测试报告。

第4节 端口扫描测试工具——NMAP

1. NMAP 简介

NMAP 是一款开源免费的端口扫描工具。该工具可对不同类型的主机（如服务器、网络设备、终端等）进行端口扫描，并形成相应的报告。NMAP 的图形化版本界面如图 8-14 所示。

图8-14 NMAP的图形化界面

2. 典型测试环境

NMAP 的典型使用环境如图 8-15 所示。

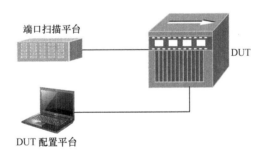

图8-15 NMAP的典型使用环境

3. 端口扫描过程

（1）设备配置规程

将设备恢复至出厂默认状态，分别配置不同类型的网络接口 IP 地址。

（2）设备扫描过程

① 启动端口扫描器。

② 在扫描器中配置被测设备地址，选择扫描模式。NMAP 常见的扫描命令

如下。

-sS（TCP SYN扫描）

TCP SYN扫描是NMAP工具最常见的扫描选项，通常情况下，其每秒钟可以扫描数千个端口。SYN扫描也被称为半开放扫描，它按照TCP三次握手协议发送一个SYN报文，然后等待响应。如果收到SYN/ACK，则表示端口在监听（open），如果收到RST（reset），则表示没有存活的服务端口。如果数次重发后仍没响应，该端口就被标记为被过滤（filtered）。如果收到ICMP不可到达错误（类型3，代码1，2，3，9，10或13），该端口也被标记为被过滤（filtered）。

-sT（TCP connect()扫描）

TCP connect扫描通常是当SYN扫描不能用时会被考虑的一个扫描命令选项。利用Berkeley Sockets API编程接口，NMAP通过创建connect() 系统调用要求操作系统和目标机及端口建立连接，从而获得每个连接尝试的状态信息。

-sU（UDP扫描）

用于执行UDP端口扫描。常见的UDP服务包括DNS（53）、SNMP（161/162）、DHCP（67/68）。UDP扫描一般较慢，但容易被忽略。对于返回的结果，如果是ICMP端口不可到达错误（类型3，代码3），则该端口是关闭的（closed）。如果是ICMP不可到达错误（类型3，代码1，2，9，10或13），则该端口是被过滤的（filtered）。如果服务返回了一个UDP响应报文，则该端口是开放的（open）。

③ 开始扫描。

（3）生成设备扫描报告

扫描完成后，在扫描器中生成相应格式的报告，如图 8-16 所示。

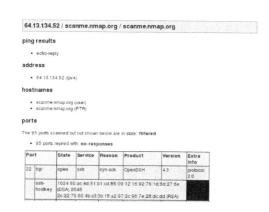

图8-16　扫描报告

附　录

第 1 节　GB 40050-2021《网络关键设备安全通用要求》主要技术内容

1. 安全功能要求

1.1　设备标识安全

网络关键设备的标识应满足以下安全要求。

a）硬件整机和主要部件应具备唯一性标识。

注 1：路由器、交换机常见的主要部件：主控板卡、业务板卡、交换网板、风扇模块、电源、存储系统软件的板卡、硬盘或闪存卡等。服务器常见的主要部件：中央处理器、硬盘、内存、风扇模块、电源等。

注 2：常见的唯一性标识方式：序列号等。

b）应对预装软件、补丁包 / 升级包的不同版本进行唯一性标识。

注 3：常见的版本唯一性标识方式：版本号等。

1.2　冗余、备份恢复与异常检测

网络关键设备的冗余、备份恢复与异常检测功能应满足以下安全要求。

a）设备整机应支持主备切换功能或关键部件应支持冗余功能，应提供自动切换功能，在设备或关键部件运行状态异常时，切换到冗余设备或冗余部件以降低安全风险。

注：路由器、交换机常见的支持冗余功能的关键部件：主控板卡、交换网板、

电源模块、风扇模块等。服务器常见的支持冗余功能的关键部件：硬盘、电源模块、风扇模块等。

b）应支持对预装软件、配置文件的备份与恢复功能，使用恢复功能时支持对预装软件、配置文件的完整性检查。

c）应支持异常状态检测，产生相关错误提示信息。

1.3　漏洞和恶意程序防范

网络关键设备应满足以下漏洞和恶意程序防范要求。

a）不应存在已公布的漏洞，或具备补救措施防范漏洞安全风险。

b）预装软件、补丁包/升级包不应存在恶意程序。

c）不应存在未声明的功能和访问接口（含远程调试接口）。

1.4　预装软件启动及更新安全

网络关键设备的预装软件启动及更新功能应满足以下安全要求。

a）应支持启动时完整性校验功能，确保系统软件不被篡改。

b）应支持设备预装软件更新功能。

c）应具备保障软件更新操作安全的功能。

注1：保障软件更新操作安全的功能包括用户授权、更新操作确认、更新过程控制等。例如，仅指定授权用户可实施更新操作，实施更新操作的用户需经过二次鉴别，支持用户选择是否进行更新，对更新操作进行二次确认或延时生效等。

d）应具备防范软件在更新过程中被篡改的安全功能。

注2：防范软件在更新过程中被篡改安全功能包括采用非明文的信道传输更新数据、支持软件包完整性校验等。

e）应有明确的信息告知用户软件更新过程的开始、结束以及更新的内容。

1.5　用户身份标识与鉴别

网络关键设备的用户身份标识与鉴别功能应满足以下安全要求。

a）应对用户进行身份标识和鉴别，身份标识应具有唯一性。

注1：常见的身份鉴别方式：口令、共享密钥、数字证书或生物特征等。

b）使用口令鉴别方式时，应支持首次管理设备时强制修改默认口令或设置口令，或支持随机的初始口令，支持设置口令生存周期，支持口令复杂度检查功能，用户输入口令时，不应明文回显口令。

c）支持口令复杂度检查功能，口令复杂度检查包括口令长度检查、口令字符类型检查、口令与账号无关性检查中的至少一项。

注2：不同类型的网络关键设备口令复杂度要求和实现方式不同。常见的口令长度要求示例：口令长度不小于8位；常见的口令字符类型示例：包含数字、小写字母、大写字母、标点符号、特殊符号中的至少两类；常见的口令与账号无关性要求示例：口令不包含账号等。

d）应支持启用安全策略或具备安全功能，以防范用户鉴别信息猜解攻击。

注3：常见的防范用户鉴别信息猜解攻击的安全策略或安全功能包括默认开启口令复杂度检查功能、限制连续的非法登录尝试次数或支持限制管理访问连接的数量、双因素鉴别（例如口令＋证书、口令＋生物鉴别等）等措施，当出现鉴别失败时，设备提供无差别反馈，避免提示"用户名错误""口令错误"等类型的具体信息。

e）应支持启用安全策略或具备安全功能，以防止用户登录后会话空闲时间过长。

注4：常见的防止用户登录后会话空闲时间过长的安全策略或安全功能包括登录用户空闲超时后自动退出等。

f）应对用户身份鉴别信息进行安全保护，保障用户鉴别信息存储的保密性，以及传输过程中的保密性和完整性。

1.6　访问控制安全

网络关键设备的访问控制功能应满足以下安全要求。

a）默认状态下应仅开启必要的服务和对应的端口，应明示所有默认开启的服务、对应的端口及用途，应支持用户关闭默认开启的服务和对应的端口。

b）非默认开放的端口和服务，应在用户知晓且同意后才可启用。

c）在用户访问受控资源时，支持设置访问控制策略并依据设置的控制策略进行授权和访问控制，确保访问和操作安全。

注 1：受控资源指需要授予相应权限才可访问的资源。

注 2：常见的访问控制策略包括通过 IP 地址绑定、MAC 地址绑定等安全策略限制可访问的用户等。

d）提供用户分级、分权控制机制。对涉及设备安全的重要功能，仅授权的高权限等级用户使用。

注 3：常见的涉及设备安全的重要功能包括补丁管理、固件管理、日志审计、时间同步等。

1.7　日志审计安全

网络关键设备的日志审计功能应满足以下安全要求。

a）应提供日志审计功能，对用户关键操作行为和重要安全事件进行记录，应支持对影响设备运行安全的事件进行告警提示。

注 1：常见的用户关键操作包括增 / 删账户、修改鉴别信息、修改关键配置、文件上传 / 下载、用户登录 / 注销、用户权限修改、重启 / 关闭设备、编程逻辑下载、运行参数修改等。

b）应提供日志信息本地存储功能，支持日志信息输出。

c）日志审计功能应记录必要的日志要素，为查阅和分析提供足够的信息。

注 2：常见的日志要素包括事件发生的日期和时间、主体、类型、结果、源 IP 地址等。

d）应具备对日志在本地存储和输出过程进行保护的安全功能，防止日志内容被未经授权的查看、输出或删除。

注3：常见的日志保护安全功能包括用户授权访问控制等。

e）应提供本地日志存储空间耗尽处理功能。

注4：本地日志存储空间耗尽时常见的处理功能包括剩余存储空间低于阈值时进行告警、循环覆盖等。

f）不应在日志中明文或者弱加密记录敏感数据。

注5：常见的弱加密方式包括信息摘要算法（MD5)、Base64等。

1.8　通信安全

网络关键设备应满足以下通信安全要求。

a）应支持与管理系统（管理用户）建立安全的通信信道／路径，保障通信数据的保密性、完整性。

b）应满足通信协议健壮性要求，防范异常报文攻击。

注1：网络关键设备使用的常见的通信协议包括IPv4/IPv6、TCP、UDP等基础通信协议，SNMP、SSH、HTTP等网络管理协议，路由协议、工业控制协议等专用通信协议，以及其他网络应用场景中的专用通信协议。

c）应支持时间同步功能。

d）不应存在未声明的私有协议。

e）应具备抵御常见重放类攻击的能力。

注2：常见的重放类攻击包括各类网络管理协议的身份鉴别信息重放攻击、设备控制数据重放攻击等。

1.9　数据安全

网络关键设备应满足以下数据安全要求。

a）应具备防止数据泄露、数据非授权读取和修改的安全功能，对存储在设备中的敏感数据进行保护。

b）应具备对用户产生且存储在设备中的数据进行授权删除的功能，支持在删除前对该操作进行确认。

注：用户产生且存储在设备中的数据通常包括日志、配置文件等。

1.10 密码要求

本标准凡涉及密码算法的相关内容，按国家有关规定实施。

2. 安全保障要求

2.1 设计和开发

网络关键设备提供者应在网络关键设备的设计和开发环节满足以下要求。

a）应在设备设计和开发环节识别安全风险，制定安全策略。

注：设备设计和开发环节的常见安全风险包括开发环境的安全风险、第三方组件引入的安全风险、开发人员导致的安全风险等。

b）应建立设备安全设计和开发操作规程，保障安全策略落实到设计和开发的整个过程。

c）应建立配置管理程序及相应配置项清单，配置管理系统应能跟踪内容变更，并对变更进行授权和控制。

d）应采取措施防范设备被植入恶意程序。

e）应采取措施防范设备被设置隐蔽的接口或功能模块。

f）应采取措施防范第三方关键部件、固件或软件可能引入的安全风险。

g）应采用漏洞扫描、病毒扫描、代码审计、健壮性测试、渗透测试和安全功能验证的方式对设备进行安全性测试。

h）应对已发现的安全缺陷、漏洞等安全问题进行修复，或提供补救措施。

2.2 生产和交付

网络关键设备提供者应在网络关键设备的生产和交付环节满足以下要求。

a）应在设备生产和交付环节识别安全风险，制定安全策略。

注1：生产和交付环节的常见安全风险包括自制或采购的组件被篡改、伪造等风险，生产环境存在的安全风险、设备被植入的安全风险、设备存在漏洞的安全风险、物流运输的风险等。

b）应建立并实施规范的设备生产流程，在关键环节实施安全检查和完整性验证。

c）应建立和执行规范的设备完整性检测流程，采取措施防范自制或采购的组件被篡改、伪造等风险。

d）应对预装软件在安装前进行完整性校验。

e）应为用户提供验证所交付设备完整性的工具或方法，防范设备交付过程中完整性被破坏的风险。

注2：验证所交付设备完整性的常见工具或方法包括防拆标签、数字签名／证书等。

f）应为用户提供操作指南和安全配置指南等指导性文档，以说明设备的安装、生成和启动的过程，并对设备功能的现场调试运行提供详细的描述。

g）应提供设备服务与默认端口的映射关系说明。

h）应声明设备中存在的通过设备外部接口进行通信的私有协议并说明其用途，私有协议不应存在所声明范围之外的用途。

i）交付设备前，发现设备存在已知漏洞应当立即采取补救措施。

2.3　运行和维护

网络关键设备提供者应在网络关键设备的运行和维护环节满足以下要求。

a）应识别在运行环节存在的设备自身安全风险（不包括网络环境安全风险），以及对设备进行维护时引入的安全风险，制定安全策略。

b）应建立并执行针对设备安全事件的应急响应机制和流程，并为应急处置配备相应的资源。

c）在发现设备存在安全缺陷、漏洞等安全风险时，应采取修复或替代方案等补救措施，按照有关规定及时告知用户并向有关主管部门报告。

d）在对设备进行远程维护时，应明示维护内容、风险以及应对措施，应留存不可更改的远程维护日志记录，记录内容应至少包括维护时间、维护内容、维护人员、远程维护方式及工具。

注1：常见的远程维护包括对设备的远程升级、配置修改、数据读取、远程诊断等操作。

e）在对设备进行远程维护时，应获得用户授权，并支持用户中止远程维护，应留存授权记录。

注2：常见的获得用户授权的方式包括鉴别信息授权、书面授权等。

f）应为用户提供对补丁包／升级包的完整性、来源真实性进行验证的方法。

g）应为用户提供对废弃（或退役）设备中关键部件或数据进行不可逆销毁处理的方法。

h）应为用户提供废弃（或退役）设备回收或再利用前的关于数据泄漏等安全风险控制方面的注意事项。

i）对于维修后再销售或提供的设备或部件，应对设备或部件中的用户数据进行不可逆销毁。

j）应在约定的期限内，为设备提供持续的安全维护，不应以业务变更、产权变更等原因单方面中断或终止安全维护。

k）应向用户告知设备生命周期终止时间。

第2节　GB 41267-2022《网络关键设备安全技术要求 交换机设备》主要技术内容

1. 安全功能要求

1.1　设备标识安全

交换机设备应支持以下标识安全要求。

a）硬件整机应具备唯一性标识。

b）设备的主控板卡、业务板卡、交换网板、风扇模块、电源、存储系统软件的板卡、硬盘或闪存卡等主要部件应具备唯一性标识。

c）应对预装软件、补丁包/升级包的不同版本进行唯一性标识。

d）应标识每一个物理接口，并说明其功能，不得预留未向用户声明的物理接口。

e）用户登录通过鉴别前的提示信息应避免包含设备软件版本、型号等敏感信息，例如可通过支持关闭提示信息或者用户自定义提示信息等方式实现。

1.2　冗余、备份恢复与异常检测

交换机设备应支持以下冗余、备份恢复安全要求和异常检测安全要求。

a）设备整机应支持主备切换功能或关键部件应支持冗余功能，交换机设备支持冗余功能的关键部件通常包括主控板卡、交换网板、电源模块、风扇模块等。交换机设备应提供自动切换功能，在设备或关键部件运行状态异常时，切换到冗余设备或冗余部件以降低安全风险。

b）部分关键部件，如主控板卡、交换网板、业务板卡、电源、风扇等应支持热插拔功能。

c）支持对预装软件、配置文件的备份与恢复功能，使用恢复功能时支持对预装软件、配置文件的完整性检查。

d）应支持异常状态检测，产生相关错误提示信息，支持故障的告警、定位等功能。

e）支持主控板卡、交换网板、业务板卡、电源、风扇等部分关键部件故障隔离功能。

f）应提供独立的管理接口，实现设备管理和数据转发的隔离。

1.3　漏洞与缺陷管理安全

交换机设备应支持以下漏洞与缺陷管理安全要求。

a）不应存在已公布的漏洞，或具备补救措施防范漏洞安全风险。

b）预装软件、补丁包/升级包不应存在恶意程序。

c）不应存在未声明的功能和访问接口（含远程调试接口）。

1.4 预装软件启动及更新安全

交换机设备的预装软件启动及更新功能应支持以下安全要求。

a）应支持启动时完整性校验功能，确保系统软件不被篡改。

b）应支持设备预装软件更新功能。

c）对于更新操作，应仅限于授权用户实施，不应支持自动更新。

d）对于存在导致设备重启等影响设备运行安全的更新操作，应支持用户选择或确认是否进行更新。

e）应支持软件更新包完整性校验。

f）更新失败时设备应能够恢复到更新前的正常工作状态。

g）对于采用网络更新方式的，应支持非明文通道传输更新数据。

h）应有明确的信息告知用户软件更新过程的开始、结束以及更新的内容。

i）应具备稳定可用的渠道提供软件更新源。

1.5 默认状态安全

交换机设备在默认状态下应支持以下安全要求。

a）默认状态下应仅开启必要的服务和对应的端口，应明示所有默认开启的服务、对应的端口及用途，应支持用户关闭默认开启的服务和对应的端口。

b）非默认开放的端口和服务，应在用户知晓且同意后才可启用。

c）使用 Telnet、SNMPv1/v2c、HTTP 等明文传输协议的网络管理功能应默认关闭。

d）对于存在较多版本的远程管理协议，应默认关闭安全性较低的版本，例如设备支持 SSH 协议时，应默认关闭 SSHv1。

1.6 抵御常见攻击能力

交换机设备应支持以下抵御常见攻击能力。

a）应具备抵御目的为交换机自身的大流量攻击的能力，例如目的为交换机管理接口的 ICMPv4/v6 Ping request Flood 攻击、TCPv4/v6 SYN Flood 攻击等。

b）应支持防范 ARP/ND 欺骗攻击功能，如通过 MAC 地址绑定等功能实现。

c）应支持基于 MAC 地址的转发功能，针对启用 MAC 地址转发的交换机端口，应支持开启生成树协议等功能，防范广播风暴攻击；支持关闭生成树协议，或支持启用 Root Guard、BPDU Guard 等功能，防范针对生成树协议的攻击。

d）应支持连续的非法登录尝试次数限制或其他安全策略，以防范用户凭证猜解攻击。

e）应支持限制用户会话连接的数量，以防范资源消耗类拒绝服务攻击。

f）在支持 Web 管理功能时，应具备抵御常见 Web 攻击的能力，例如注入攻击、重放攻击、权限绕过攻击、非法文件上传等。

g）在支持 SNMP 管理功能时，应具备抵御常见攻击的能力，例如权限绕过、信息泄露等。

h）在支持 SSH 管理功能时，应具备抵御常见攻击的能力，例如权限绕过、拒绝服务攻击等。

i）在支持 Telnet 管理功能时，应具备抵御常见攻击的能力，例如权限绕过、拒绝服务攻击等。

j）在支持 RestAPI 管理功能时，应具备抵御常见攻击的能力，例如 API 身份验证绕过攻击、HTTP 身份绕过攻击、Oauth 绕过攻击、拒绝服务攻击等。

k）在支持 NETCONF 管理功能时，应具备抵御常见攻击的能力，例如权限绕过、拒绝服务攻击等。

l）在支持 FTP 功能时，应具备抵御常见攻击的能力，例如目录遍历、权限绕过等。

1.7 用户身份标识与鉴别

交换机设备用户身份标识与鉴别功能应支持以下安全要求。

a）应对用户进行身份标识和鉴别，用户身份标识应具有唯一性。

b）应不存在未向用户公开的身份鉴别信息。

c）使用口令鉴别方式时，应支持首次管理设备时强制修改默认口令或设置口令，或支持随机的初始口令，支持设置口令生存周期。

d）使用口令鉴别方式时，支持口令复杂度检查功能，开启口令复杂度检查功能时，应支持检查口令长度应不少于 8 位，且至少包含 2 种不同类型字符。

e）使用口令鉴别方式时，不应明文回显用户输入的口令信息。

f）应支持登录用户空闲超时锁定或自动退出等安全策略，以防范用户登录后会话空闲时间过长导致的安全风险。

g）鉴别失败时，应返回最少且无差别信息。

h）应对用户身份鉴别信息进行安全保护，保障用户鉴别信息存储的保密性，以及传输过程中的保密性和完整性。

1.8 访问控制安全

交换机设备应支持以下访问控制安全要求。

a）应提供用户分级分权控制机制。

b）对涉及设备安全的重要功能如补丁管理、固件管理、日志审计、时间同步、端口镜像、流采样等，应仅授权的高等级权限用户可使用。

c）应支持基于源 IPv4/v6 地址、目的 IPv4/v6 地址、源端口、目的端口、协议类型等的访问控制列表功能；针对启用 MAC 地址转发的交换机端口，应支持基于源 MAC 地址的访问控制列表功能。

d）应支持对用户管理会话进行过滤，限制非授权用户访问和配置设备，例如通过访问控制列表功能限制可对设备进行管理（包括 Telnet、SSH、SNMP、Web 等管理方式）的用户 IPv4/v6 地址。

1.9 日志审计安全

交换机设备应支持以下日志审计安全要求。

a）应提供日志审计功能，对用户关键操作，如增 / 删账户、修改鉴别信息、修改关键配置、用户登录 / 注销、用户权限修改、重启 / 关闭设备、软件更新等行为进行记录；对重要安全事件进行记录，对影响设备运行安全的事件进行告警提示。

b）应提供日志信息本地存储功能，当日志记录存储达到极限时，应采取告警、循环覆盖旧的记录等措施。

c）应支持日志信息输出功能。

d）应提供安全功能，保证设备异常断电恢复后，已记录的日志不丢失。

e）日志审计记录中应记录必要的日志要素，至少包括事件发生日期和时间、主体（如登录账号等）、事件描述（如类型、操作结果等）、源 IP 地址（采用远程管理方式时）等，为查阅和分析提供足够的信息。

f）应具备对日志在本地存储和输出过程进行保护的安全功能，防止日志内容被未经授权的查看、输出或删除。

g）不应在日志中明文或弱加密记录敏感数据，如用户口令、SNMP 团体名、Web 会话 ID 以及私钥等。

1.10　通信安全

交换机设备应支持以下通信安全要求。

a）应支持与管理系统（管理用户）建立安全的通信信道 / 路径，保障通信数据的保密性、完整性。

b）在支持 Web 管理时，应支持 HTTPS。

c）在支持 SSH 管理时，应支持 SSHv2。

d）在支持 SNMP 管理时，应支持 SNMPv3。

e）应支持使用至少一种非明文数据传输协议对设备进行管理，如 HTTPS、SSHv2、SNMPv3 等。

f）应支持关闭 Telnet、SSH、SNMP、Web 等网络管理功能。

g）基础通信协议（如 IPv4/v6、TCP、UDP、ICMPv4/v6 等）应满足通信协议健壮性要求，防范异常报文攻击。

h）应用层协议（如 SNMPv1/v2c/v3、SSHv1/v2、HTTP/HTTPS、FTP、TFTP、NTP、Openflow 等）应满足通信协议健壮性要求，防范异常报文攻击。

i）如果支持路由功能，则路由控制协议（如 OSPFv2/v3、BGP4/4+ 等）应满足通信协议健壮性要求，防范异常报文攻击。

j）应支持使用 NTP 等实现时间同步功能，并具备安全功能或措施防范针对时间同步功能的攻击，如提供 NTP 认证等功能。

k）如果支持路由功能，则路由通信协议应支持非明文路由认证功能。

l）如果支持 TRILL 协议，应支持协议认证功能，如基于 HMAC-SHA256 等认证。

m）应不存在未声明的私有协议。

n）应具备抵御常见重放类攻击的能力。

1.11 数据安全

交换机设备应支持以下数据安全要求。

a）应具备防止数据泄露、数据非授权读取和修改的安全功能，对存储在设备中的敏感数据进行安全保护的功能。

b）应具备对用户产生且存储在设备中的数据（如日志、配置文件等）进行授权删除的功能，支持在删除前对该操作进行确认。

1.12 口令要求

交换机设备口令要求应符合 GB 40050 中 5.10 的规定。

2. 安全保障要求

交换机设备安全保障要求应符合 GB 40050 中第 6 章的规定。

第3节　GB 41269-2022《网络关键设备安全技术要求 路由器设备》主要技术内容

1. 安全功能要求

1.1　设备标识安全

路由器设备应支持以下标识安全要求。

a）硬件整机应具备唯一性标识。

b）设备的主控板卡、业务板卡、交换网板、风扇模块、电源、存储系统软件的板卡、硬盘或闪存卡等主要部件应具备唯一性标识。

c）应对预装软件、补丁包/升级包的不同版本进行唯一性标识。

d）应标识每一个物理接口，并说明其功能，不得预留未向用户声明的物理接口。

e）用户登录通过鉴别前的提示信息应避免包含设备软件版本、型号等敏感信息，例如可通过支持关闭提示信息或者用户自定义提示信息等方式实现。

1.2　冗余、备份恢复与异常检测

路由器设备应支持以下冗余、备份恢复安全要求和异常检测安全要求。

a）设备整机应支持主备切换功能或关键部件应支持冗余功能，路由器设备支持冗余功能的关键部件通常包括主控板卡、交换网板、电源模块、风扇模块等。路由器设备应提供自动切换功能，在设备或关键部件运行状态异常时，切换到冗余设备或冗余部件以降低安全风险。

b）部分关键部件，如主控板卡、交换网板、业务板卡、电源、风扇等应支持热插拔功能。

c）支持对预装软件、配置文件的备份与恢复功能，使用恢复功能时支持对预装软件、配置文件的完整性检查。

d）应支持异常状态检测，产生相关错误提示信息，支持故障的告警、定位等功能。

e）支持主控板卡、交换网板、业务板卡、电源、风扇等部分关键部件故障隔离功能。

f）应提供独立的管理接口，实现设备管理和数据转发的隔离。

1.3 漏洞与缺陷管理安全

路由器设备应支持以下漏洞与缺陷管理安全要求。

a）不应存在已公布的漏洞，或具备补救措施防范漏洞安全风险。

b）预装软件、补丁包/升级包不应存在恶意程序。

c）不应存在未声明的功能和访问接口（含远程调试接口）。

1.4 预装软件启动及更新安全

路由器设备的预装软件启动及更新功能应支持以下安全要求。

a）应支持启动时完整性校验功能，确保系统软件不被篡改。

b）应支持设备预装软件更新功能。

c）对于更新操作，应仅限于授权用户实施，不应支持自动更新。

d）对于存在导致设备重启等影响设备运行安全的更新操作，应支持用户选择或确认是否进行更新。

e）应支持软件更新包完整性校验。

f）更新失败时设备应能够恢复到更新前的正常工作状态。

g）对于采用网络更新方式的，应支持非明文通道传输更新数据。

h）应有明确的信息告知用户软件更新过程的开始、结束以及更新的内容。

i）应具备稳定可用的渠道提供软件更新源。

1.5　默认状态安全

路由器设备在默认状态下应支持以下安全要求。

a）默认状态下应仅开启必要的服务和对应的端口，应明示所有默认开启的服务、对应的端口及用途，应支持用户关闭默认开启的服务和对应的端口。

b）非默认开放的端口和服务，应在用户知晓且同意后才可启用。

c）使用 Telnet、SNMPv1/v2c、HTTP 等明文传输协议的网络管理功能应默认关闭。

d）对于存在较多版本的远程管理协议，应默认关闭安全性较低的版本，例如设备支持 SSH 协议时，应默认关闭 SSHv1。

1.6　抵御常见攻击能力

路由器设备应支持以下抵御常见攻击能力。

a）应具备抵御目的为路由器自身的大流量攻击的能力，例如目的为路由器管理接口或业务接口的 ICMPv4/v6 Ping request Flood 攻击、TCPv4/v6 SYN Flood 攻击等。

b）应支持防范 ARP/ND 欺骗攻击功能，如通过 MAC 地址绑定等功能实现。

c）应支持连续的非法登录尝试次数限制或其他安全策略，以防范用户凭证猜解攻击。

d）应支持限制用户会话连接的数量，以防范资源消耗类拒绝服务攻击。

e）在支持 Web 管理功能时，应具备抵御常见 Web 攻击的能力，例如注入攻击、重放攻击、权限绕过攻击、非法文件上传等。

f）在支持 SNMP 管理功能时，应具备抵御常见攻击的能力，例如权限绕过、信息泄露等。

g）在支持 SSH 管理功能时，应具备抵御常见攻击的能力，例如权限绕过、拒绝服务攻击等。

h）在支持 Telnet 管理功能时，应具备抵御常见攻击的能力，例如权限绕过、拒绝服务攻击等。

i）在支持 NETCONF 管理功能时，应具备抵御常见攻击的能力，例如权限绕过、拒绝服务攻击等。

j）在支持 FTP 功能时，应具备抵御常见攻击的能力，例如目录遍历、权限绕过等。

k）在支持 DHCP 功能时，应具备防范 DHCP 拒绝服务攻击等能力。

1.7 用户身份标识与鉴别

路由器设备用户身份标识与鉴别功能应支持以下安全要求。

a）应对用户进行身份标识和鉴别，用户身份标识应具有唯一性。

b）应不存在未向用户公开的身份鉴别信息。

c）使用口令鉴别方式时，应支持首次管理设备时强制修改默认口令或设置口令，或支持随机的初始口令，支持设置口令生存周期。

d）使用口令鉴别方式时，支持口令复杂度检查功能，开启口令复杂度检查功能时，应支持检查口令长度应不少于 8 位，且至少包含 2 种不同类型字符。

e）使用口令鉴别方式时，不应明文回显用户输入的口令信息。

f）应支持登录用户空闲超时锁定或自动退出等安全策略，以防范用户登录后会话空闲时间过长导致的安全风险。

g）鉴别失败时，应返回最少且无差别信息。

h）应对用户身份鉴别信息进行安全保护，保障用户鉴别信息存储的保密性，以及传输过程中的保密性和完整性。

1.8 访问控制安全

路由器设备应支持以下访问控制安全要求。

a）应提供用户分级分权控制机制。

b）对涉及设备安全的重要功能如补丁管理、固件管理、日志审计、时间同步、端口镜像、流采样等，应仅授权的高等级权限用户可使用。

c）应支持基于源 IPv4/v6 地址、目的 IPv4/v6 地址、源端口、目的端口、协议类型等的访问控制列表功能，支持基于源 MAC 地址的访问控制列表功能。

d）应支持对用户管理会话进行过滤，限制非授权用户访问和配置设备，例如通过访问控制列表功能限制可对设备进行管理（包括 Telnet、SSH、SNMP、Web 等管理方式）的用户 IPv4/v6 地址。

1.9 日志审计安全

路由器设备应支持以下日志审计安全要求。

a）应提供日志审计功能，对用户关键操作，如增/删账户、修改鉴别信息、修改关键配置、用户登录/注销、用户权限修改、重启/关闭设备、软件更新等行为进行记录；对重要安全事件进行记录，对影响设备运行安全的事件进行告警提示。

b）应提供日志信息本地存储功能，当日志记录存储达到极限时，应采取告警、循环覆盖旧的记录等措施。

c）应支持日志信息输出功能。

d）应提供安全功能，保证设备异常断电恢复后，已记录的日志不丢失。

e）日志审计记录中应记录必要的日志要素，至少包括事件发生日期和时间、主体（如登录账号等）、事件描述（如类型、操作结果等）、源 IP 地址（采用远程管理方式时）等，为查阅和分析提供足够的信息。

f）应具备对日志在本地存储和输出过程进行保护的安全功能，防止日志内容被未经授权的查看、输出或删除。

g）不应在日志中明文或弱加密记录敏感数据，如用户口令、SNMP 团体名、Web 会话 ID 以及私钥等。

1.10 通信安全

路由器设备应支持以下通信安全要求。

a）应支持与管理系统（管理用户）建立安全的通信信道／路径，保障通信数据的保密性、完整性。

b）在支持 Web 管理时，应支持 HTTPS。

c）在支持 SSH 管理时，应支持 SSHv2。

d）在支持 SNMP 管理时，应支持 SNMPv3。

e）应支持使用至少一种非明文数据传输协议对设备进行管理，如 HTTPS、SSHv2、SNMPv3 等。

f）应支持关闭 Telnet、SSH、SNMP、Web 等网络管理功能。

g）基础通信协议（如 IPv4/v6、TCP、UDP、ICMPv4/v6 等）应满足通信协议健壮性要求，防范异常报文攻击。

h）应用层协议（如 SNMPv1/v2c/v3、SSHv1/v2、HTTP/HTTPS、FTP、TFTP、NTP、Openflow 等）应满足通信协议健壮性要求，防范异常报文攻击。

i）路由控制协议（如 OSPFv2/v3、BGP4/4+ 等）应满足通信协议健壮性要求，防范异常报文攻击。

j）应支持使用 NTP 等实现时间同步功能，并具备安全功能或措施防范针对时间同步功能的攻击，如提供 NTP 认证等功能。

k）路由通信协议应支持非明文路由认证功能。

l）应不存在未声明的私有协议。

m）应具备抵御常见重放类攻击的能力。

1.11 数据安全

路由器设备应支持以下数据安全要求。

a）应具备防止数据泄露、数据非授权读取和修改的安全功能，对存储在设备中的敏感数据进行保护。

b）应具备对用户产生且存储在设备中的数据（如日志、配置文件等）进行授权删除的功能，支持在删除前对该操作进行确认。

1.12　口令要求

路由器设备口令要求应符合 GB 40050 中 5.10 的规定。

2. 安全保障要求

路由器设备安全保障要求应符合 GB 40050 中第 6 章的规定。

参考文献

[1] GB 40050-2021 网络关键设备安全通用要求.

[2] GB/T 39680-2020 信息安全技术 服务器安全技术要求和测评准则.

[3] GB/T 41269-2021 网络关键设备安全技术要求 路由器设备.

[4] GB/T 41267-2021 网络关键设备安全技术要求 交换机设备.

[5] GB/T 41268-2021 网络关键设备安全检测方法 路由器设备.

[6] GB/T 41266-2021 网络关键设备安全检测方法 交换机设备.

[7] GB/T 39680-2020 信息安全技术 服务器安全技术要求和测评准则.

[8] GB/T 36470-2018 信息安全技术 工业控制系统现场测控设备通用安全功能要求.

[9] T/TAF 088-2021 网络关键设备安全通用检测方法.

[10] 3GPP TS 33.117 Catalogue of General Security Assurance Requirements.